INHALTSVERZEICHNIS

ASTRID DRAPELA

ICH WOLLT, ICH HÄTT EIN HUHN

Fakten & Haltung, neuer Stand der Forschung, Beziehung Mensch & Huhn

GOLDEGG

Umschlaggestaltung: Kathrin Steigerwald, Hamburg
Rechte Autorinnenfoto: Martin Wacht

2. Auflage (Mai 2023)

ISBN: 978-3-99060-323-9

Unter den Linden 21 • D-10117 Berlin
Telefon: +49 800 505 43 76-0

Goldegg Verlag GmbH, Österreich
Mommsengasse 4/2 • A-1040 Wien
Telefon: +43 1 505 43 76-0

E-Mail: office@goldegg-verlag.com
www.goldegg-verlag.com

Layout, Satz und Herstellung: Goldegg Verlag GmbH, Wien
Printed in the EU

GELEITWORT VON THOMAS MACHO

Vor einigen Monaten, genauer, am Dienstag, dem 30. August 2022, habe ich Astrid Drapela persönlich kennengelernt. Ich besuchte ihren kleinen Hof nahe bei Wien, auf dem sie mit ihrer Familie und zahlreichen Tieren lebt. Jede Assoziation mit einem Zoo oder einem landwirtschaftlichen Betrieb wäre verfehlt: Hunde, Katzen, drei Hängebauchschweine, Ziegen, Schafe und rund vierzig Hühner verschiedener Rassen tragen jeweils eigene Namen. Sie werden nicht gehalten, um nach gewisser Zeit geschlachtet zu werden, nicht wegen ihrer Milch oder Wolle. Lediglich die Eier der Hühner werden gelegentlich verschenkt. Bevor ich Astrid persönlich begegnet bin, habe ich – einige Wochen nach Ostern – einen Karton mit zehn Eiern erhalten, den mir meine liebenswerte Mitarbeiterin Petra Radeczki, die Nachbarin Astrids, ins Büro mitgebracht hatte. Zu meiner Überraschung waren diese Eier verschieden groß und farbig, sodass ich im ersten Moment an verspätete Ostereier dachte. Doch sofort wurde mir erklärt, dass diese Eier weder gefärbt noch bemalt wurden, sondern eben von verschiedenen Hühnerrassen stammen. Was für eine Pracht und was für ein Geschmack!

Astrid ist keine Bäuerin, keine Tierhalterin, die ihre Tiere ausstellt oder auf den Social-Media-Plattformen verewigt; sie lebt vielmehr eine kleine Utopie, in deren Horizont Menschen und Tiere zusammenleben. Manchmal werden ein paar Hühner von einem Fuchs gerissen, obwohl sie spätestens bei Einbruch der Abenddämmerung in ihren Stall oder auf die Baumwipfel zur Nachtruhe gehen. Dennoch wird der Fuchs nicht geschossen; ihm werden keine Fallen gestellt, denn irgendwie gehört er auch zur Gemeinschaft.

Astrids Familie lebt mit den Tieren, und wenn sie sterben, werden sie betrauert und in einem kleinen Grab beigesetzt. Astrid ist eine Liebhaberin der Tiere, zugleich aber auch eine aufmerksame Beobachterin, die das Verhalten und die Eigenheiten ihrer Tiere besser kennenlernen und verstehen will. Sie liest viele Bücher und Studien, wobei sie feststellen musste, dass die Hühner zu den Außenseiterinnen der Vogelkunde und der Zoologie gehören. Es fällt nicht schwer, Bücher zur Ornithologie, zu Rabenvögeln, Enten, Papageien oder Zugvögeln zu entdecken; die Hühner stehen jedoch im Schatten des öffentlichen Interesses, ja selbst im Schatten der populären Ethologie. Konrad Lorenz ist mit seinen Graugänsen berühmt geworden; können wir uns Lorenz als Erforscher und Begleiter von Hühnern vorstellen? Selbst im engeren Umkreis domestizierter Tiere bleiben die Hühner Außenseiterinnen. Hunde und Katzen, Pferde und Esel, Schafe und Ziegen tauchen in der Fachliteratur viel häufiger auf als Hühner.

Wenn die Fleischökonomie kritisch beleuchtet wird, geht es zumeist um Rinder und Schweine, sehr viel seltener um Hühner. Wie lange hat es gedauert, bis etwa über die unbeschreibliche Massentierhaltung der Hühner, ja sogar über die verbreitete Praxis, männliche Küken gleich nach der Geburt zu schreddern, ausführlich berichtet wurde? Der *Fleischatlas* 2021, herausgegeben von der Heinrich-Böll-Stiftung, dem Bund für Umwelt und Naturschutz Deutschland und *Le Monde diplomatique*, nennt die Zahlen. 2019 wurden in Deutschland 23.000 Ziegen geschlachtet, 594.000 Gänse, 1.121.000 Schafe, 3.386.000 Rinder, 15.876.000 Enten, 34.226.000 Puten, 56.131.000 Schweine und 652.700.000 Hühner, also wesentlich mehr Hühner als alle anderen genannten Tiere zusammen. Der Fleischatlas beklagt erneut, dass zwar die Energie- und Verkehrswende, der Klimaschutz und der Kampf gegen Armut und Hunger politisch diskutiert werden, nicht aber eine Fleischwende, allen Reportagen und Skandalen der letzten Jahrzehnte zum Trotz. Die ökologischen, sozialen und gesundheitlichen Effekte der industriellen Fleischproduktion werden ignoriert. Dabei sei allgemein bekannt, dass der globale Fleischverzehr bis zum Jahr 2029 noch einmal um 40 Millionen Tonnen auf dann mehr als 360 Millionen Tonnen Fleisch pro Jahr anwachsen wird. Zu den Folgen dieses Konsums zählt auch die Klimakrise. Der Schriftsteller Jonathan Safran Foer betont, dass die landwirtschaftliche Nutztierhaltung um 40 Prozent mehr zur globalen Erwärmung beitrage als der gesamte weltweite Transportverkehr; sie sei die »Ursache Nummer eins für den Klimawandel«. Allein das Geflügel »wird rund die Hälfte des globalen Zuwachses in den kommenden zehn Jahren ausmachen. In den USA zum Beispiel ist der Pro-Kopf-Konsum von Rindfleisch in den vergangenen 30 Jahren um etwa ein Drittel zurückgegangen, während sich der von Geflügel mehr als verdoppelte«.

Astrid Drapelas Buch, dem hoffentlich weitere Bücher folgen werden, zeichnet sich aus durch vielseitige Perspektivwechsel. Persönliche Wahrnehmungen und Beobachtungen durchbrechen die profunden Darstellungen der Domestikationsgeschichte des Huhns und der verschiedenen Hühnerrassen, die ethologischen Befunde, die Fragen zur Wahrnehmung und zu den Sinnen der Hühner, zu ihren Gefühlen, zu ihrer Intelligenz, aber auch zu ihrem sozialen Leben, das sonst zumeist nur abwertend unter dem Stichwort »Hackordnung« thematisiert wird. Doch können die Hühner – jedenfalls in kleineren Gruppen von vierzig bis achtzig Tieren – einander individuell wiedererkennen und stabile Freundschaften pflegen. Astrids Buch beeindruckt durch den Reichtum der Perspektiven, aber auch durch seine Abbildungen. Sie tragen dazu bei, dass wir die Hühner neu zu sehen lernen, ja selbst die Eier, die wir gelegentlich zum Frühstück verzehren. Bei der Lektüre des vorliegenden Buchs musste ich gelegentlich an eine Erzählung der brasilianischen, in der

Ukraine geborenen Dichterin Clarice Lispector denken; dieser Text wurde vor wenigen Jahren in einer zweibändigen Ausgabe ihrer Erzählungen, neu übersetzt von Luis Ruby, publiziert – und er trägt den Titel *Die Henne und das Ei*. Die Erzählung beginnt mit den folgenden Zeilen: »Morgens in der Küche sehe ich auf dem Tisch ein Ei. Ich erblicke das Ei mit einem einzigen Blick. Auf der Stelle merke ich, dass man ein Ei nicht dauerhaft ansehen kann. [...] Das Ei zu sehen ist unmöglich: Das Ei ist über-sichtbar, so wie es Überschallgeräusche gibt. [...] Die Liebe zum Ei ist über-sinnlich. Wir wissen nicht, dass wir das Ei lieben. [...] Das Ei ist die Seele der Henne.«[1]

Thomas Macho

Kulturwissenschaftler und Philosoph, ist Direktor des Internationalen Forschungszentrums Kulturwissenschaften in Wien

[1] Clarice Lispector: »Die Henne und das Ei«. In: Tagtraum und Trunkenheit einer jungen Frau. Sämtliche Erzählungen I. Herausgegeben von Benjamin Moser. Aus dem brasilianischen Portugiesisch übersetzt von Luis Ruby. München: Penguin Verlag 2019. S. 303–313; hier: S. 303 f.

VORWORT

»Hühner sind die neuen Katzen.« Lange habe ich mir darüber Gedanken gemacht, ob ich diesem Satz zustimmen kann. Wenn ich auf das letzte Jahrzehnt zurückblicke, stimmt es jedenfalls, dass sich zu den vielen Katzenmenschen in meiner Umgebung auch außergewöhnlich viele Hühnermenschen dazugesellt haben. Und die Liebe und Zärtlichkeit, mit der sie über ihre Hühner sprechen, ähneln sehr der Zuneigung zu einem pelzigen Haustier. Ich kenne sogar ein paar wenige, die ihre Hühner zeitweise mit ins Bett nahmen, um sie dort in Sicherheit vor den Gefahren des halbwilden Lebens in Garten und Hof zu wissen. Insofern ist der einleitende Satz sicher berechtigt.

Mir wurde mit der Zeit bewusst, dass viele Hühnerhaltende auf der Suche nach Informationen über ihre neuen Haustiere waren, ohne – im Gegensatz zu katzenliebenden Menschen – wirklich befriedigende Antworten auf die vielen Fragen zu finden. Schnell bemerkt man, dass sich in Hühner-Ratgebern enthaltene Informationen wiederholen, manchmal widersprechen. Fakten werden darin gern mit persönlichen Erfahrungen vermischt, und eine klare Trennung der beiden Realitäten ist oft nicht nachvollziehbar, Literaturangaben fehlen zumeist gänzlich.

Dieses Buch entstand aus einer Leidenschaft. Einerseits aus meiner eigenen Liebe zum Federvieh, aber noch viel mehr aus der unbändigen Neugier, mehr über das Huhn als Spezies zu erfahren. Im Zuge einiger Weiterbildungen begann ich vor ein paar Jahren, Informationen über die Biologie, das Verhalten und die Ursprünge des Haushuhns zu recherchieren. Dabei stolperte ich schnell über das Bankivahuhn.

In allen Büchern, die mir damals zur Verfügung standen, wurde diese Wildform zwar erwähnt, doch blieben viele, ja fast alle vertiefenden Fragen, die ich dazu hatte, unbeantwortet. Meist gab es ein Foto, doch kaum Quellenangaben, wo ich als Interessierte hätte weiterlesen können. Außerdem beschlich mich der Verdacht, dass viele der angeführten Informationen unreflektiert übernommen worden waren. Nach mühsamer Suche war ich schließlich auf einige wenige Artikel gestoßen, die wiederum auf viel ältere Werke verwiesen. Schnell war klar, dass mein Wissensdurst nur durch einen Besuch im Antiquariat zu stillen sein würde. Umgeben von Kellergeruch und zerschlissenen Einbänden wurde ich aber schließlich belohnt mit den spannendsten Abenteuern, wunderschönen Zeichnungen und schließlich auch mit den Informationen aus erster Hand, die ich gesucht hatte.

Je mehr ich las, desto tiefer tauchte ich in die Materie ein. Ich war bereits bei Aldovandri im Jahr 1600 und den Originalen von Carl von Linné und Charles Darwin gelandet, fand mich teilweise in der misslichen Lage wieder, dass mein Schullatein nicht ausreichte, um die Schriften zu verstehen, und pendelte dazwischen immer wieder in die Gegenwart, um dort über die neuesten Erkenntnisse zur Entwicklung vom Wild- zum Haushuhn aus der Genetik zu lesen. Wenn wieder einmal der totale Orientierungsverlust im Informationsdschungel drohte, setzte ich mich in den Garten, beobachtete meine eigenen Hühner und erfreute mich an ihrer beruhigenden Wirkung. Gleichzeitig spornten sie mich mit ihrer Neugier wieder von Neuem an, weiterzusuchen und -zuschreiben. Das Produkt meiner abenteuerlichen Recherchen und der laufenden Interaktion mit diesen bezaubernden Vögeln halten Sie jetzt in Händen. Der Großteil ist durch wissenschaftliche Literatur belegt. Was auf rein persönlichen Erfahrungen beruht, ist grafisch kenntlich gemacht.

Dass man Hühner ins Herz schließen kann, darüber besteht in meinen Augen kein Zweifel. Ich lade Sie ein, werte

Leserin und werter Leser, sich bei der Lektüre dieses Buchs selbst ein Bild darüber zu machen, inwiefern Hühner auch ihrem Wesen nach die neuen Katzen sind, und wünsche Ihnen dabei ein unterhaltsames Lesevergnügen.

Astrid Drapela

Niederösterreich, im November 2022

EINLEITUNG

»Hühner wurden bisher als Studien- und Beobachtungsobjekte unterschätzt. Unbedeutende, für uns eigentlich wertlose exotische Wildtiere (…) werden von gebildeten, talentierten Menschen mit respektvoller Aufmerksamkeit bedacht. Sie werden einbalsamiert, in Museen als Schätze aufbewahrt und von Künstlern porträtiert. Aber diese Geschöpfe, in ihrer Schönheit nur wenigen auf der Erde unterlegen, nützlich, umgänglich und von großem wirtschaftlichem Wert, werden prompt vernachlässigt und missachtet.«[1] So beklagte Reverend Edmund Saul Dixon schon im Jahr 1851 die mangelnde Aufmerksamkeit von Wissenschaft und Kunst gegenüber dem Haushuhn. Der britische Pastor schrieb Bücher, in denen er seine Leserschaft für die eigenen Leidenschaften, nämlich Haus- und Ziergeflügel, Ornithologie und Hobbygärtnerei, begeistern wollte.[2] Heute, rund 170 Jahre später, scheint der Respekt der Menschheit vor dem Haushuhn, dem inzwischen häufigsten Landwirbeltier der Erde, noch mehr in Vergessenheit geraten zu sein. Zwar entwickelte sich das wissenschaftliche Interesse am Geflügel vor etwa achtzig Jahren erst sehr spät, dafür aber dramatisch, als der Weg für die industrielle Hühnerhaltung geebnet wurde. Auf jeden Menschen kommen heute vier Hühner, doch der Großteil von ihnen verbringt sein Leben unter – gelinde gesagt – unwürdigen Verhältnissen.

Die Ernährung des Huhns war bis in die 1940er-Jahre so gut wie nicht erforscht worden. Zwar war Hausgeflügel längst allgegenwärtig, doch musste es sich meist mit dem zufriedengeben, was es in Hof und Garten fand.[3] Aufgrund der geringen Größe und Anspruchslosigkeit der Hühner, die sich schnell und von den Jahreszeiten unabhängig vermehren ließen, erkannte man schließlich in der Not des Zweiten Weltkriegs ihre Eignung, die Massen in großem Stil zu ernähren.[4] Und so begann man mithilfe von vielen Tausenden Studien, diversen, teilweise kuriosen Futterversuchen und der Schaffung neuer Zuchtstämme moderne Hochleistungstiere zu kreieren, die auf geringem Raum in kurzer Zeit und mit minimalem finanziellem Aufwand – je nach Zuchtlinie – Eier und Fleisch liefern konnten.[5] Und auch heute ist für den Großteil der weltweit rund 33 Milliarden Hühner[6] von der bewegten gemeinsamen Geschichte mit uns, der stetig wachsenden Spezies Mensch, nur eines zu spüren: unser enormer Hunger.

Hunger war hingegen bei dem Entschluss meiner Familie, eigene Hühner zu halten, nicht primär entscheidend. Als wir uns vor einigen Jahren dazu entschlossen, auf unserem kleinen Hof mit Schafen, Ziegen, Katzen, Hunden und Hängebauchschweinen auch noch Hühner aufzunehmen, geschah dies eher als logische Konsequenz auf die unzähligen Nachfragen unserer Bekannten und Freunde. Ein Hof ohne Hühner ist nicht komplett. Unsere Hoftiere halten wir aus reiner Liebhaberei. Keines wurde jemals seiner Milch oder Wolle wegen »genutzt« und schon gar nicht geschlachtet. Mit großem Interesse beobachten wir unsere Tiere. Und dass sie unsere Wiese kurz halten, ist bereits Berechtigung genug, um bei und mit uns in Ruhe leben und altern zu dürfen.

Reverend Dixon hätte zum damaligen Zeitpunkt dennoch allen Grund gehabt, mich zu schelten, war ich doch bis dato auch völlig unbeeindruckt von allen Hühnern, denen ich jemals begegnet war, durchs Leben gegangen. Selbst als mein Hund, seinem Trieb erliegend, das Huhn eines Bauern getötet hatte, empfand ich für den Vogel zwar Bedauern, doch war es mir bei Weitem nicht so nahegegangen wie der Tod anderer Tiere. Ich hätte auch kaum ein Huhn genauer beschreiben können, denn meine mangelnde Aufmerksamkeit erlaubte mir maximal, mich an seine Gefiederfarbe zu erinnern. Über alles andere hatte ich im wahrsten Sinne des Wortes hinweggesehen.

Mehr auf den Wunsch meines Mannes als auf meinen, die ich normalerweise die treibende Kraft bei der Anschaffung neuer Tiere bin, holten wir uns schließlich ein paar Zwerghühner in den Garten, die ein neues Zuhause gesucht hatten. Meine große Begeisterung erweckten diese kleinen, ganz und gar nicht nahbaren, aber wunderschönen Tiere noch nicht. Doch erkannte ich schnell, dass ich die emotionale Komponente der Hühnerhaltung unterschätzt hatte. Denn bereits das erste Ei, das ich im Nest fand, ließ mein Herz höherschlagen. Auch bemerkte ich, dass das Krähen des kleinen Hahns, obwohl dieses es im morgendlichen Vogelkonzert kaum mit dem Gesang der Amseln aufnehmen konnte, mich dennoch entzückte. Als der leise Sänger beim Übersiedeln von seiner versteckten Lage hinter einem Nebengebäude in ein neues, repräsentativeres Gehege einen mysteriösen Tod starb, beschlossen wir, es nun mit großen, sozusagen »richtigen« Hühnern zu probieren. Und so zogen nach ein paar Wochen ein stattlicher – für unsere bis dahin gewohnten Verhältnisse riesiger – schwarzer Hahn und kurz darauf auch einige in Größe und Zutraulichkeit entsprechende Hühner ein. Und damit war es um mich geschehen.

Hühnerliebhaberinnen und -liebhaber wie Dixon gab es ganz offenbar zu jeder Zeit in der gemeinsamen Geschichte von Mensch und Huhn, die – wie erst seit Kurzem bekannt – relativ jung, dafür aber grotesk intensiv geworden ist. In den digitalen Medien setzen sich Prominente vermehrt für eine Verbesserung der Haltungsbedingungen und eine Korrektur des Images des Haushuhns ein. Isabella Rossellini bricht eine Lanze für die Intelligenz und Liebenswürdigkeit der Hühner[7] und ganze Fotobände widmen sich nur der Schönheit des Federviehs.[8] Dem Blog des Franzosen Guirec Soudée rund um seine Weltumsegelung gemeinsam mit dem braunen Legehybridhuhn Monique folgte fast eine Viertel Million Menschen.[9] Und zusehends wächst die Bedeutung der Hühner auch im »echten Leben« wieder.

Seit Beginn der 2010er-Jahre spricht man im angloamerikanischen Raum vom *backyard chicken movement,* welches das Phänomen beschreibt, dass immer mehr private Haushalte auch abseits des ländlichen Raumes eigene Hühner halten und sich so ein Stück Selbstversorgung zurückerobern. In Großstädten werden gar Balkone zu Volieren umfunktioniert, in denen man Zwerghühner und Wachteln findet. Das Huhn ist für uns Menschen in erster Linie ein Nutztier, und damit wird seine Bedeutung als Individuum zuerst einmal negiert. Die Diskrepanz zwischen Fleischlieferant und geliebtem Heimtier, die sich durch den Einzug in die Privathaushalte auftut, zeigt sich drastisch in den digitalen Medien: Sucht man nach *Hühnern*, sind sie hauptsächlich in Rezepten oder im Allheilmittel *Hühnersuppe* zu finden, dazwischen aber wieder in kunstvollen Fotografien, die stolze Hähne in ihrer ganzen Pracht zeigen. Unweigerlich stößt man auch auf Seiten, die sich ganz der Hühnerzucht widmen. Diese erfreut sich auch wieder steigernder Beliebtheit, erlebt gar eine Renaissance wie Mitte des 19. Jahrhunderts, als viele Rassestandards erstmals definiert wurden. Chicken-Clicker-Kurse, bei denen man (s)einem Huhn gezielt Kunststücke beibringen kann, schießen wie Pilze aus dem Boden.

Doch erst seit etwa zwei Jahrzehnten widmet sich auch die Forschung den kognitiven und sensorischen Fähigkeiten des Haushuhns.[10] Das ist insbesondere deshalb bemerkenswert, weil die Intelligenz anderer Vögel schon länger im Fokus der Wissenschaft steht. Einer breiten Öffentlichkeit etwa ist bekannt, dass Rabenvögel Werkzeuge benutzen oder dass Papageien, zusätzlich zu ihrem Sprachtalent, erstaunlich schnell artistische Kunststücke lernen können. Wissenschaftliche Berichte über die arithmetischen Fähigkeiten frisch geschlüpfter Hühnerküken hingegen schafften es kaum in die Medien.[11] In der Fachliteratur sucht man oft verzweifelt lange nach Hühnern als in der Biologie gleichberechtigter Vogelart. Denn auch im größten Teil der wissenschaftlichen Publikationen über das Huhn wird seine Rolle als Nahrungsmittel, als industriell gehaltenes Nutztier und auch als Krankheitsüberträger stets in den Vordergrund gerückt, sodass man Artikel über seine Biologie akribisch suchen muss.

Die Forschung hat sich bis dato erstaunlich wenig mit dem Urahn all unserer Haushühner, dem asiatischen Bankivahuhn, beschäftigt. Der Löwenanteil der wissenschaftlichen Hauptwerke rund um diese Wildvögel entstammt dem Zeitraum zwischen den 1920er- und 1960er-Jahren[12], und häufig wurden dabei – wie damals in der Verhaltensforschung üblich – Gruppen von eigens gezüchteten Bankivahühnern unter Laborbedingungen untersucht.[13] Erst während des vergangenen Jahrzehnts entwickelte besonders die Genetik ein echtes Interesse an der Grundlagenforschung rund um das Haushuhn, seine Vorfahren und die Auswirkungen der Domestikation, also der Haustierwerdung, auf Biologie und Verhalten.[14]

Die Verhaltensbiologie fördert zunehmend Fakten zutage, die den alltäglichen Beobachtungen von Hühnerhaltern zur Intelligenz ihrer Tiere recht geben. Diesen erstaunlichen Erkenntnissen rund um das Huhn, seiner Natur- und Kulturgeschichte, seiner Vielfalt und Geselligkeit widmet sich dieses Buch. Es will einen Bogen spannen von den Tieren, die die Evolution im dichten Unterholz der tropischen Wäldern Südostasiens hervorbrachte, hin bis zu den Hochleistungshühnern, deren Produkte wir überall auf der Welt in Supermarktregalen und Küchen finden. Dieser Streifzug führt von den erstaunlichen Sinnesleistungen der Hühner über das Sozialverhalten, den Tagesablauf und die komplexe Kommunikation, Körperpflege, Fortpflanzung, Eier und Brutpflege über die Intelligenz und das Lernvermögen dieser faszinierenden Vögel bis hin zur widersprüchlichen Beziehung von Mensch und Huhn, gespiegelt einerseits in der Bewunderung und Zuneigung, die wir für das uns (persönlich) bekannte Individuum empfinden können, und andererseits in der Selbstverständlichkeit, mit der die Konsumgesellschaft Hühner als Wegwerfprodukte behandelt. Denn in einem gilt die Kritik des Reverend Dixon auch heute noch: Hühner werden unterschätzt.

WO DIE WILDEN HÜHNER WOHNEN

Bei allen Haustieren ist es unverzichtbar, mehr über ihre Urahnen zu wissen, um deren gezähmte Nachfahren besser verstehen zu können. Denn schließlich hat die Evolution im Zusammenspiel mit der Umwelt – dem Klima, der Landschaft, der Vegetation, der Fauna – über viele Millionen Jahre hinweg Tiere hervorgebracht, die so perfekt an ihren Lebensraum angepasst sind, so spezifische Verhaltensmuster und Sozialstrukturen entwickelt haben, dass sie Hunderttausende von Jahren oder mehr überdauern konnten. Es wäre vermessen zu glauben, es sei dem Menschen möglich, den Kern dieser Arten in wenigen tausend Jahren derart zu verändern, dass sich die Bedürfnisse der Haustiere nun wirklich nennenswert von denen der Wildform unterscheiden würden.[15] Und mögen unsere zahmen Begleiter auch noch so anders aussehen als ihre ungezähmten Verwandten, so steckt doch in jedem Chihuahua ein Wolf und in jedem Minipig ein Wildschwein. Auch wenn die künstliche Selektion durch Zucht ganz offensichtlich massiv in das Erbgut der Tiere eingegriffen hat, so haben sich doch viele ihrer Verhaltensweisen und somit auch Grundbedürfnisse trotz jahrtausendelanger Domestikation nur unwesentlich verändert, auch wenn man es nicht immer sofort vermuten würde.[16] Daher schlafen Hühner auch noch gern auf erhöhten Stangen, bauen sich stets ein neues Nest und brauchen ein Sandbad, um sich wohlzufühlen: aber dazu später.

Im Fall der Haushühner handelt es sich bei den wilden Vorfahren um das *Rote Kammhuhn*, auch *Bankivahuhn* oder seltener *Rotes Dschungelhuhn* genannt. Von den modernen Rassen sehen wildfärbige Holländische Zwerghühner den Bankivahühnern in Größe und allgemeinem Erscheinungsbild sehr ähnlich. Die Farbenpracht der Hähne, ihr stolzes Erscheinungsbild, die schillernden Schmuckfedern und ihre rituell anmutenden Rangkämpfe haben ganz offensichtlich schon vor langer Zeit die Menschen fasziniert. Hennen sind unauffällig dunkel gefiedert und haben so gut wie keinen Kamm. Sie sind bestens getarnt, genauso wie die bräunlichschwarz gesprenkelten und gestreiften Küken. Das Bankivahuhn ist in freier Wildbahn nur äußerst schwierig aufzuspüren. Seine »heimliche« Lebensweise ist wohl auch der Grund dafür, dass es trotz seiner enormen Wichtigkeit als Vorfahr des inzwischen häufigsten Vogels der Welt in vielerlei Hinsicht unerforscht geblieben ist. Nur einige wenige Wissenschaftlerinnen und Wissenschaftler haben sich die Mühe gemacht, sich auf die Lauer zu legen, um *Gallus gallus*, wie das Bankivahuhn in der Fachsprache genannt wird, in seinem natürlichen Lebensraum zu erforschen und seine Lebensweise zu ergründen. Beide Spezies, sowohl das Rote Kammhuhn als auch diese geduldigen Naturforscherinnen und -forscher, sind inzwischen selten geworden, weshalb ihnen hier ein Denkmal gesetzt und Platz eingeräumt werden soll. Die Beobachtungen und Erkenntnisse der vorgestellten Wissenschaftlerinnen und Wissenschaftler fließen später auch in so gut wie alle Teile dieses Buchs ein, da sie dabei helfen können, unsere Haushühner mit neuen Augen zu sehen.

Bereits in Linnés *Systema Naturae* von 1758 wird das Rote Kammhuhn als *Phasianus gallus* erwähnt. Der schwedische Biologe gliederte damit das Huhn unter den Fasanenartigen ein und unterschied auch mehrere Unterarten. Wie in der Biologie üblich, wurde diese Systematik später noch mehrmals verändert. So wurde kurz darauf 1760 von Brisson die Gattung *Gallus* eingeführt.[17] (Die Nomenklatur und Systematik, also die Namensgebung und Ordnung der Lebewesen, sind auch heute noch einer regen Dynamik unterworfen, da stets verbesserte Analysemethoden in der Genetik die Verwandtschaftsverhältnisse in neuem Licht erscheinen lassen.) Charles Darwin identifizierte in seiner *Entstehung der Arten* 1859 das Bankivahuhn (damals noch *Gallus bankiva*) als Vorfahr des Haushuhns und begründete seine Vermutung damit, dass er »alle bekannten englischen Hühnerrassen gezüchtet und miteinander gekreuzt und ihre Skelette untersucht«[18] und seine mit den Erkenntnissen von zeitgenössischen Experten, die diesen Vogel in Indien studiert hatten, verglichen habe. Das Bankivahuhn wurde 1921 von William Beebe dann erstmals als *Gallus gallus* bezeichnet. Heute unterscheidet man – wie einst schon Beebe[19] – vier Arten der Kammhühner (Gattung *Gallus*, deutsche Trivialnamen nach Raethel 1988[20]):

- Sonnerat-Huhn oder Graues Kammhuhn *(Gallus sonneratii)*
- Lafayette-Huhn, Ceylon-Huhn oder Gelbes Kammhuhn *(Gallus lafayettii)*
- Gabelschwanzhuhn oder Grünes Kammhuhn *(Gallus varius)*
- Bankivahuhn oder Rotes Kammhuhn *(Gallus gallus)*

Ihre jeweiligen Verbreitungsgebiete sind in Abbildung 2.2 zu sehen. Wie der Name schon sagt, verfügen die männlichen Vertreter der vier Arten über einen Kamm, anhand dessen Form und Färbung sie gut voneinander zu unterscheiden sind. Weiters weisen die vier Kammhuhnarten jeweils andere Gefieder- und Kehllappenfarben auf, wie in Abbildung 2.1 gut zu erkennen ist. Sie unterscheiden sich außerdem im Sozialverhalten, wobei zwei der vier Arten gar monogam leben, und im Gesang der Hähne[21]: Nur das Krähen des Bankivahahns ähnelt sehr dem Gesang unserer Haushähne.[22] Das Bankivahuhn gilt – wie bereits Darwin vermutete – inzwischen auch unbestritten als der direkte Urahn unserer Haushühner, auch wenn andere Arten später ebenfalls eine Rolle spielten.

Abbildung 2.1: Hähne der vier Gallus-Arten, (obere Reihe v. l.): Gallus gallus, Gallus lafayettii, (untere Reihe v.l.) Gallus sonneratii, Gallus varius.

William Beebe (1877–1962) war ein Mensch, der das Abenteuer suchte und auch fand. Der gebürtige New Yorker setzte sich intensiv mit Reptilien und Amphibien auseinander, erstellte um 1900 eine ansehnliche Sammlung an lebenden Vögeln für den neuen Zoo in der Bronx, sagte die Existenz eines *Missing Link* zwischen Dinosauriern und Archaeopteryx voraus (welche später durch den Fund von zahlreichen gefiederten Microraptoren bestätigt wurde) und wandte sich schließlich der Erforschung der tropischen Ökosysteme zu.[23] Er beschäftigte sich darüber hinaus intensiv mit der Entwicklung von technischen Geräten zur Erforschung der Meeresökologie und und ließ sich 1934 in einer Taucherglocke vor Bermuda hinab in 923 m, später in 1370 m Tiefe. Er gilt als einer der Pioniere der Tiefseeforschung.[24]

Nebenbei war Beebe der Erste, der sich detailliert mit der Lebensweise des Roten Kammhuhns auseinandersetzte. Er tat dies im Zuge seiner 18-monatigen Forschungsreise, die ihn gemeinsam mit seiner ersten Frau quer durch Südostasien führte.[25] Sein Studium galt der Erforschung der Fasanenartigen, die – wie er in seinem Vorwort extra betont – bei Antritt seiner Reise bereits teilweise vom Aussterben bedroht waren. Gründe dafür waren vor allem die Mode der 1920er-Jahre, Damenhüte mit exotischen Federn zu schmücken, und die Abholzung der Wälder für Gummiplantagen, um die steigende Nachfrage nach Autoreifen in Europa und den USA zu decken.[26]

Die drohende Ausrottung dieser exotischen Vögel hinderte Beebe selbst allerdings nicht daran, seine Forschungsobjekte zu erlegen. Teilweise tat er dies zu Untersuchungszwecken, aber auch der kulinarischen Freuden wegen, denn er war ein begeisterter Jäger und Gourmet.[27] Er war ganz Kind seiner Zeit, als viele Naturforscher sich mit Hunderten von Tierhäuten brüsteten, die sie selbst »erbeutet« und schnell konserviert hatten, damit sie die unterschiedlichen Spezies später in Ruhe untersuchen und katalogisieren konnten.[28] Die Beobachtungen, die Beebe in den asiatischen Urwäldern machte, lesen sich wie ein Abenteuerroman. Sie sind gespickt mit persönlichen Eindrücken und Gefühlen, mit Erstaunen und Bewunderung der Schönheit und der stolzen Erscheinung der Tiere, speziell der Dschungelhühner. Besonders beeindruckte ihn die Entdeckung richtiggehender »Kampfarenen«, auf denen wilde Bankivahähne ihre Rangkämpfe ausfochten, manchmal sogar mit Todesfolge für einen der Gegner.[29]

Wir verdanken seinen Studien einen reichen Schatz an Erkenntnissen über das damals noch recht verbreitete Wildhuhn: das Verhalten einzelner Individuen genauso wie Einblicke in ihren Speiseplan. So konnte er durch die Sektion von zig Hühnerkröpfen und -mägen feststellen, dass ihre Diät überaus bunt war und Insekten, Früchte, Bambussprossen sowie andere pflanzliche Teile beinhaltete. Sie fraßen wohl auch Kultursaaten wie Reis oder Mais, manchmal auch stärkehaltige Hackfrüchte wie Maniok – aber in geringerem Ausmaß als man erwartet hatte.[30] Die Bereicherung des Nahrungsangebots durch solch energiereiche Nahrung, wie sie in der Nähe menschlicher Siedlungen zu finden ist, ermöglichte *Gallus gallus,* sich dem Menschen anzunähern und in letzter Konsequenz auch anzuschließen, schloss Beebe aus seinen Beobachtungen.[31] Die traditionelle Brandrodung, die viele der dort heimischen Völker praktizierten, böte optimale Voraussetzungen für die Futtersuche am Boden und die dunkle Gefiederfärbung mit helleren Sprenkeln, wie sie bei Bankivahennen und -hähnen im Schlichtkleid (außerhalb der Brutzeit) vorkommt, sorge für die beste Tarnung und bringe somit einen selektiven Vorteil.[32]

Der in Frankreich gebürtige, später in den USA arbeitende Jean Delacour (1890–1985) bereiste nur wenige Jahre später Cochinchina, damals noch eine französische Kolonie, die große Teile Vietnams und des heutigen Kambodschas umfasste. Teilweise flossen seine neueren Erkenntnisse über die verschiedenen Subspezies (Unterarten) von *Gallus gallus* auch in Beebes Werke ein. Delacour war ein begeisterter Gärtner und Sammler bzw. Züchter seltener Wildvögel. Er importierte dazu etliche Tiere nach Frankreich, wo er im Park des weitläufigen Familienanwesens seinen eigenen Garten Eden mit über 500 Tierarten erschuf. Trotz zahlreicher Rückschläge in beiden Weltkriegen, die zu einer völligen Zerstörung der Anlage und seiner ornithologischen Sammlung führten, ließ er sich nicht entmutigen und begann stets aufs Neue mit dem Wiederaufbau. Nach seinem Tod vermachte er Schloss und zoologischen Garten in Clères (Normandie) der Öffentlichkeit.[33] Er war ein Vorreiter auf dem Gebiet des internationalen Vogelschutzes und Mitbegründer von BirdLife International. Seine Feldstudien in den Wäldern Südostasiens gemeinsam mit Beobachtungen von Vögeln in Gefangenschaft lieferten weitere bahnbrechende Erkenntnisse über das Leben des Bankivahuhns in bis dahin kaum untersuchten Gegenden der Erde.

Seit Delacour[34] unterscheidet man folgende fünf Unterarten der Art *Gallus gallus* (deutsche Trivialnamen nach Raethel 1988[35]):

- Cochinchina-Bankivahuhn *(Gallus gallus gallus)*
- Burma-Bankivahuhn *(Gallus gallus spadiceus)*
- Tongking-Bankivahuhn *(Gallus gallus jabouillei)*
- Indisches Bankivahuhn *(Gallus gallus murghi)*
- Java-Bankivahuhn *(Gallus gallus bankiva).*

Das Haushuhn wird in jüngster Zeit als eigene Unterart geführt und heißt

- Haushuhn *(Gallus gallus domesticus,* auch *Gallus gallus f. domestica*)[36]

Die Unterscheidung der Unterarten ist hier deshalb interessant, weil sie für die Erforschung der Herkunft unserer

Haushühner relevant ist. Die Hähne unterscheiden sich vor allem in Form und Größe der Kämme, in den Schmuckfedern, der Gefiederfarbe und den Kehllappen, während die Hennen kaum zu unterscheiden sind. Heute weiß man, dass unsere Haushühner von *G. g. spadiceus* abstammen, wie später noch erläutert wird. Alle Unterarten von *Gallus gallus* bewohnen ähnliche Lebensräume, wobei sie das Hochgebirge, weite offene Flächen und ausladende Sumpfgebiete meiden. Es bedarf stets eines ausreichenden Angebots an Süßwasser.[37] Hierzu reichen Rinnsale und auch kleinste Pfützen aus.[38] Trockenzeiten können auch durch den Konsum von saftigen Früchten überbrückt werden.[39] Bevorzugt leben die wärmeliebenden[40] Bankivahühner in tropischen klimatischen Verhältnissen bis zu einer maximalen Seehöhe von etwa 1.200 m und in Ausnahmefällen bis zu 2.000 m (auch mit gelegentlichen Frösten[41]). Dabei reichen die Lebensräume von Wäldern und Waldrändern bis zu trockenen Buschlandschaften.[42] Es fällt auf, dass der Baumbestand[43] passende Schlafplätze und das Unterholz genügend Versteckmöglichkeiten bieten müssen[44], gleichzeitig aber nicht zu dicht sind, weil Bankivahühner Bodenbrüter sind. Mancherorts werden dornige Gehölze, die zusätzlichen Schutz bieten, als Schlafplatz bevorzugt.[45] Doch findet man auch im Bambushain Bankivagruppen, die dort mitunter auf geknickten, horizontalen Bambusrohren schlafen.[46]

Typischerweise zeichnen sich Bankivahuhnpopulationen durch Ortstreue und geringen Aktivitätsradius rund um ihre Schlafplätze aus.[47] Die Grüppchen wechseln ihre Schlafbäume zumeist nur, wenn sie zuvor gestört worden sind, etwa durch Menschen oder Raubtiere. Ansonsten bewegen sie sich maximal 150 m weit weg von ihrem Schlafplatz, auch scheinen die Reviergrenzen der Hähne mit Distanzen von 250 bis 500 m recht eng gesteckt.[48] Einzelne Individuen wechseln meist nur zu benachbarten Scharen, wie eine Studie an halbwilden Bankivahühnern im San-Diego-

Zoo aufzeigte.[49] Sehr vereinzelt wird berichtet, dass Hühnergruppen in Migrationswellen Flüsse und offene Landschaften überqueren.[50] Das Verhalten, den Schutz des Unterholzes zu verlassen, genauso wie der riskante Flug über einen Strom wie den Mekong, erscheint nicht nur untypisch, sondern birgt außerdem Lebensgefahr für die scheue Spezies. Diese Ereignisse kommen so selten vor, dass sie von der lokalen Bevölkerung als unglückliches Vorzeichen gedeutet werden.[51]

Collias und Saichuae stellten die Vermutung auf, dass die Verbindung zwischen Wildhuhn und Bambus stärker sein könnte als vermutet. Bankivahühner werden in thailändischen Vogelbüchern manchmal auch als »Bambushühner« bezeichnet.[52] Normalerweise laben sie sich an den jungen Trieben, die bei dieser äußerst schnellwüchsigen Pflanze fast ständig aus der Erde schießen. Die Pflanzen einer Bambusart blühen im Abstand von mehreren Jahrzehnten nur einmal, aber dann weltweit gleichzeitig. Eine Theorie für die Zugbewegungen der Bankivahühner ist, dass sie zur Massenblüte des Bambus fliegen könnten, um dort die überaus nahrhaften Samen zu fressen.[53] Die Bambushaine, die meist nur aus einer einzigen Pflanze bestehen, sterben nach der Blüte ab. Es wird berichtet, dass Wildhühner – gemeinsam mit anderen Samenfressern – die *gesamte* Saat eines Bambus vertilgt hätten, sodass nichts mehr davon übrig blieb.[54]

Seine enorme Anpassungsfähigkeit, vielleicht aber auch seine Vorliebe für Reis und Hirse, führte zu einer Verbreitung das Bankivahuhns über beinahe ganz Südostasien. Abbildung 2.2 zeigt das heutige Verbreitungsgebiet. Sein domestizierter Nachfahre, das Haushuhn, ist aber freilich auf der Welt unvergleichlich häufiger anzutreffen und wird überall in ländlichen Gebieten freilaufend gehalten. Ironischerweise ist die Vermischung der Genpools von Haus- und Wildgeflügel die größte Bedrohung, welche bald zum völligen Verschwinden des Bankivahuhns beitragen könnte.

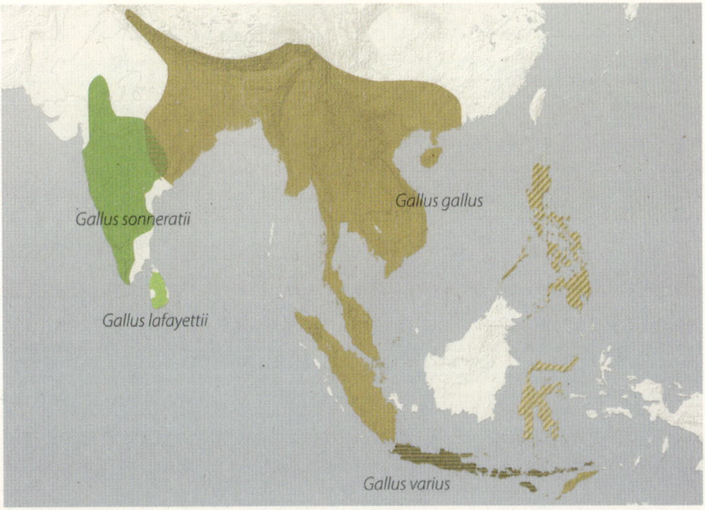

Abbildung 2.2: Heutige Verbreitungsgebiete der vier Gallus-Arten.

Der aus Vorderasien stammende Jagdfasan *(Phasianus colchicus)* war zu Jagdzwecken bereits erfolgreich in der Antike in ganz Europa eingebürgert worden. Seit 1880 gibt es ihn auch in Nordamerika.[55] Sowohl Delacour als auch Beebe überlegen in ihren Ausführungen über *Gallus gallus* dessen mögliche Eignung als Jagdgeflügel, welches in den Wäldern Europas und der USA ausgesetzt werden könnte. Beebe vergleicht die Jagd auf Bankivas mit der Fasanenjagd in England[56] und in seinen Tagebüchern lobt er den Koch für die Zubereitung des Bankivahuhns in allen möglichen Variationen.[57] Delacour schreibt in seinem Werk *Pheasants of the World*: »Das Bankivahuhn ist ein ausgezeichnetes Jagdgeflügel, wachsam, listig und stark, und sein Fleisch eignet sich hervorragend für den Tisch. Unserer Meinung nach wurde seine Eignung für diesen Zweck in Europa und Amerika noch nicht ausreichend erprobt«.[58] In den USA rief man dafür fast zeitgleich einen eigenen Aktionsplan ins Leben

(*Foreign Game Introduction Program*), und Biologen (allen voran Gardiner Bump) wurden im Auftrag der amerikanischen Jagdbehörde nach Asien ausgesandt, um verschiedene Hühnervögel wie Fasane, Schneehühner, Pfaue, Rebhühner, Steinhühner etc. auf deren Tauglichkeit als Jagdwild in den USA zu prüfen. Der Bedarf nach Jagdgeflügel rührte daher, dass in den USA, besonders aber im Süden, die heimischen Wildvögel durch die wirtschaftlichen Krisen der vorangegangenen Jahrzehnte in großer Zahl der Wilderei und mangelnden Schutzmaßnahmen zum Opfer gefallen waren.[59] Aus heutiger Sicht würde man die unberechenbaren ökologischen Folgen einer Einbürgerung nichtheimischer Tierarten, welche mitunter katastrophale Auswirkungen auf die heimische Fauna haben kann, sehr genau ins Kalkül ziehen. In den USA war man auch davor gewarnt, hatte man doch schon mit großen Problemen durch eingeschleppte Stare und Sperlinge zu kämpfen. Doch war der Druck auf die Behörde, die Jäger zufriedenzustellen, derart groß, dass man Gardiner Bump gewähren ließ.[60]

Dieser überprüfte vor allem die ursprünglichen Lebensräume der diesbezüglich interessanten Vögel, um eine Vorhersage der Überlebenschancen und Reproduktionsraten in Übersee treffen zu können. Dabei wurden allein zwischen 1960 und 1963 über 16.000 Wildvögel gefangen und in die USA verschifft, wo die Zahl durch beauftragte spezialisierte Züchter auf über 78.000 Individuen anwuchs. Dann wurden diese, wenn ein gewisser Erfolg zu erwarten war, ausgesetzt und die Entwicklung der Population weiterverfolgt. 117 Bankivahühner aus Wildfang (mindestens zehn Meilen von Siedlungen entfernt, so der Auftrag Bumps an die Fänger) gelangten so in die USA, eine logistische Herausforderung, die nur mithilfe der amerikanischen Fluglinien möglich war.[61] In Nordamerika wurden die Tiere von Züchtern vermehrt. Schließlich entließ man zwischen 1960 und 1963 in vier südlichen US-amerikanischen Bundesstaaten 1.416 Bankivahühner der Unterart *Gallus gallus murghi* in die neue Freiheit.[62] Man erhoffte sich große Erfolge durch deren Einbürgerung, waren sie doch scheu genug, um den Jagdtrieb der Zielgruppe anzuspornen. Insgesamt wurden über 10.000 Bankivahühner gezüchtet und in acht US-Bundesstaaten ausgesetzt. Richtig etablieren konnte sich die Art jedoch nie, weshalb man auch heute keine wild lebenden Bankivahühner in den USA findet (einige Hundert ihrer Nachfahren leben jedoch noch in Gefangenschaft und spielen heute eine entscheidende Rolle, wie wir später sehen werden). Eine wilde Population findet sich hingegen auf Hawaii, wo bereits 1949 Wildhühner dokumentiert wurden, die vermutlich mit der zweiten Besiedlungswelle durch polynesische Siedler im 12. Jh. n. Chr. auf die Inseln kamen und dann verwilderten.[63]

1965 erschien der erste ausführliche wissenschaftliche Artikel, der sich ausschließlich mit dem Verhalten des Bankivahuhns in seinem natürlichen Umfeld beschäftigte. Das Biologenehepaar Elsie (1920–2006) und Nicholas Collias (1914–2010) nahm dazu eine Population rund um ein biologisches Forschungszentrum in Siwalik im Nordosten Indiens genau unter die Lupe. Wie Beebe und Delacour machten auch diese beiden Jagd auf die scheue Spezies, verwendeten jedoch dazu nur Fernglas, Kamera und Tonbandgerät. Um die Vögel aufzustöbern, orientierten sie sich am morgendlichen Krähen der Hähne. Danach ließen sie sich von ortskundigen Einheimischen beraten und machten sich schließlich zu Fuß, mit Geländewagen oder auf Elefanten reitend auf den Weg. Es wurden Plattformen auf Bäumen errichtet und getarnte Unterstände in der Nähe von Wasserstellen gebaut, um den Forschenden die Beobachtung des unnahbaren Wildgeflügels zu ermöglichen. Ihre Arbeit von 1967[64] sucht heute noch ihresgleichen.

Collias & Collias bauten auf das Wissen von Beebe, Delacour und einer kleinen Feldstudie von Johnson[65] aus Thailand auf und zeichneten anhand ihrer akribischen Vorgehensweise ein noch kompletteres Bild des Verhaltens dieser Spezies. Sie bezeichneten die wilden Bankivahühner als »eine der scheuesten Arten von Wildvögeln der Welt«, obwohl man vom Vorfahren der gegenwärtig häufigsten Haustiere wohl etwas anderes vermuten würde.[66] In ihrem Verbreitungsgebiet wurden Bankivahühner damals jedoch intensiv bejagt und zeigten – vielleicht gerade aus diesem Grund – ein besonders aufmerksames und fluchtbereites Verhalten. Als die Biologen etwa eine Treibjagd beobachteten, konnten sie das Fluchtverhalten der Bankivahühner studieren, welche durch ihre ausgeprägte Flugfähigkeit besonders nach oben in die Baumkronen zu entkommen versuchten, was vielen von ihnen auch gelang. Gepaart mit guter Tarnung und der Fähigkeit, über lange Zeit völlig bewegungslos zu bleiben, scheinen viele der Vögel nicht nur Menschen, sondern auch anderen Räubern ein Schnippchen zu schlagen. So wurde das regungslose Ausharren einer in ihrem Versteck im Unterholz entdeckten Henne über einen Zeitraum von 28 Minuten beobachtet, die die beiden Menschen »nicht aus den Augen ließ, ohne selbst einen Muskel zu bewegen«.[67] Das Ehepaar Collias dokumentierte außerdem ein Zusammenspiel verschiedener Tierarten im Warnverhalten: Ein potenzielles Raubtier wird von Singvögeln, Affen und sogar Hirschen lautstark angekündigt – diese Warnrufe erscheinen universell, also auch für artfremde Tiere verständlich zu sein.[68] Sie zeichneten das Krähen verschiedener *Gallus*-Arten auf und erstellten damit die ersten *Sonogramme*, also grafischen Darstellungen des artspezifischen Vokalrepertoires. Der Gesang des Bankivahahns klänge wie »cock-a-deedle-doo«, was der englischsprachigen Lautmalerei von »ki-ke-ri-kii« oder dem japanischen »ko-ke-kok-koh« entspricht.[69]

Häufig wird in Hühnerbüchern die »natürliche« Gruppengröße von Hühnern mit 15 bis zu 50 Tieren als »viele Hennen mit einem dominanten Hahn« beschrieben. Dabei handelt es sich um einen immer wieder tradierten Irrtum, deren Ursprung nur schwer festzustellen ist. Faktum ist: In freier Wildbahn sind die Gruppen viel kleiner und variieren mit der Jahreszeit, wobei die Paarungszeit (März bis Mai), die Brutsaison (April bis Juni, die Brutzeit beträgt 19 bis 21 Tage), die Aufzucht der Jungen (Juni bis vermutlich hinein in den Oktober und November) und der Winter zu unterscheiden sind. Das Geschlechterverhältnis verändert sich ebenfalls mit der Jahreszeit: Im Winter können durchaus ebenso viele Hähne wie Hennen Teil der Gruppe sein, wobei die Jungtiere mehrere Monate bei ihrer Mutter bleiben. Während der Paarungszeit gibt es jedoch bis zu 80 % Alleingänger zu sehen.

Denn der dominante Hahn vertreibt in freier Wildbahn alle anderen männlichen Artgenossen von seinen Hennen und stellt so seine alleinige Vaterschaft sicher. Vor und nach der Brutsaison laufen jedoch häufig subdominante, also alle dem ranghöchsten Hahn untergeordnete Hähne und Junghähne wörtlich »am Rande« mit. Sie verhalten sich unterwürfig, unauffällig und nehmen nicht am Paarungsgeschehen teil.[70]

Die Möglichkeiten zur Beobachtung einzelner Individuen über einen längeren Zeitraum sind beim Bankivahuhn limitiert, da die Tiere in freier Wildbahn – wie erwähnt – sehr scheu sind. Dies ist auch der Grund, warum die meisten Verhaltensstudien und Detailbeobachtungen von Bankivahühnern in Gefangenschaft bzw. in halbwilder Lebensweise gemacht wurden, wo einzelne Tiere z. B. markiert und somit individuell unterschieden werden können. Die meisten Schlüsse, die aus solchen Beobachtungen über die wilden Hühner gezogen werden und wurden, sind sicherlich berechtigt. Doch muss man stets im Hinterkopf behalten, dass der Einfluss der Einkreuzung von Haushühnern lange Zeit massiv unterschätzt wurde. *Halbwild* ist also nicht gleich *wild*, und *wild* ist in Wirklichkeit oft *halbwild*, wie wir im nächsten Kapitel noch sehen werden.

Elsie und Nicholas Collias beobachteten in den 1990er-Jahren die halbwilde Bankivahuhnpopulation im San-Diego-Zoo. Es war ihre erste Studie zum individuellen Sozialverhalten von Bankivahühnern und wurde über einen Kernzeitraum von sieben Jahren durchgeführt. Der San-Diego-Zoo umfasst ein Areal von vierzig Hektar und zeichnet sich durch ein Konzept aus, bei dem verschiedene Tierarten in künstlich geschaffenen Habitaten (Lebensräumen) leben sollen, die ihren ursprünglichen Lebensräumen ähneln. Die Bankivapopulation, die auf einer Gruppe von fünfzehn Wildhühnern der Unterart *murghi* und zwölf der Unterart *spadiceus* gründet, lebte seit 1942 frei im Zoo.[71] Trotz Bedrohung durch ebenfalls frei lebende Raubtiere (Graufüchse, Wildkatzen, Marder) wuchs ihre Zahl in 25 Jahren von 27 auf etwa 150 Stück an, die in 28 Gruppen organisiert waren. Ohne direkten menschlichen Einfluss bildeten die Tiere Gruppen, deren Territorien meistens rund um einen zentralen Schlafbaum lagen. Das Biologenpaar konzentrierte sich auf die Beobachtung zweier Gruppen und deren Sozialverhalten. Ins Auge sticht, dass die studierten Hühner im Zoo größere Scharen bildeten als ihre wilden Artgenossen – eine davon umfasste zeitweise bis zu 30 Tiere –, was durch das bessere Nahrungsangebot im Zoo erklärt werden kann.[72] Auch hatten sie einen kleineren Aktionsradius, etwa 50 bis 75 m rund um den Schlafbaum, was jedoch aufgrund des limitierten Platzangebots wenig überrascht[73], und waren sehr standorttreu, wechselten auch nie den Schlafplatz. Natürlich waren diese Hühner aber die Nähe von Menschen gewöhnt und ließen sich von selbigen weniger stören, da sie vor ihnen nichts zu befürchten hatten und nicht bejagt wurden.[74]

Die sozialen Strukturen, die im Mittelpunkt dieser Studie standen, waren überaus stabil: Es gab immer nur einen dominanten Hahn, der das Vorrecht auf die Paarung mit seinen Hennen hatte, und unter diesen auch nur einige wenige Hennen, die an der Spitze der Rangordnung standen.

Sie sorgten für den Großteil der Nachkommen. Die Zeit der Regentschaft der einzelnen dominanten Hähne dauerte zwischen einem Monat und dreieinhalb Jahren. Dabei wurde der jeweilige Despot gelegentlich von rangniederen Hähnen seiner Gruppe herausgefordert: Wenn er unterlag, bedeutete dies das Ende seiner Herrschaft, die er später auch nicht wiedererlangte. Die subdominanten Hähne wurden ansonsten konstant in Schach gehalten, jedoch während der Paarungszeit nicht aus der Truppe gejagt. Die Niederlage eines Despoten konnte auch die Spaltung und Neuordnung der Gruppe zur Folge haben. Wenn Tiere eine bestehende Gruppe verließen, wanderten sie aber nie weiter als bis zum direkt angrenzenden Revier.

Was bedeuten nun all diese Aspekte aus dem Leben der Bankivahühner für unsere Haushühner? Kann man denn die asiatischen Wildtiere tatsächlich mit unserem gemütlichen Hofgeflügel vergleichen? Erstaunliche Erkenntnisse lieferten zwei Projekte, bei denen ausgewilderte Haushühner genauer unter die Lupe genommen wurden. Bei der Beobachtung einer Population seit vierzig Jahren verwilderter Haushühner auf einer Insel nordöstlich von Australien wurden identische Verhaltensweisen, Brutperioden etc. wie beim Bankivahuhn beobachtet.[75] In einem anderen Feldversuch in den 1970er-Jahren wurde eine Gruppe moderner Hühner auf einer unbewohnten schottischen Insel ausgesetzt und ihr Verhalten wissenschaftlich dokumentiert. Es zeigte sich, dass diese Hühner ein nahezu deckungsgleiches Brut- und Fluchtverhalten an den Tag legten wie ihre wilden Vorfahren. Trotz zahlreicher Verluste durch Raubtiere gelang es den Hühnern, sich auf der Insel zu etablieren.[76] Die Sinnesleistungen und das Verhalten domestizierter und wilder Hühner unterscheiden sich also mehr in der Häufigkeit der Verhaltensweisen als in ihrer Qualität.[77] Daher ist es von großer Bedeutung zu erkennen, dass kein Verhaltensmuster während des Domestikationsprozesses völlig verloren gegangen ist, sondern maximal verschoben und um neue Aspekte ergänzt wurde.[78] Im Grunde genommen ist das Verhaltensrepertoire der Bankivahühner und unserer Haushühner noch immer dasselbe.[79] Wie schmal der Grat zwischen Haus- und Wildhuhn aber tatsächlich ist, soll im folgenden Kapitel beleuchtet werden.

DER WIDERSPENSTIGEN ZÄHMUNG?

Ein Tier aus dem tropischen Asien, wo die monatliche Durchschnittstemperatur selten unter 18 °C sinkt, hat es nunmehr auf alle Kontinente – außer auf den Südpol[80] – geschafft. Das Huhn ist der häufigste Vogel und nun tatsächlich so gut wie überall auf unserer Erde verstreut. Als Faustregel gilt: Wo Menschen, da auch Hühner. Selbst hier in Mitteleuropa, wo die Temperaturen mancherorts auch noch auf -20 °C fallen oder über 40 °C steigen können, werden unseren Hühnern die Extreme selten zu viel. Für die Haltung echter Bankivahühner, besonders solche der Unterart *spadiceus,* sofern es diese in ihrer Reinform überhaupt noch gibt, braucht es jedoch unbedingt einen beheizten Stall im Winter und außerdem einen großen Auslauf in einer Voliere. Nur so kann das Wildgeflügel in Gefangenschaft halbwegs glücklich sein und gleichzeitig daran gehindert werden davonzufliegen.[81] Bankivahühner sind nach wie vor scheue Exoten (und werden es hoffentlich auch noch lange bleiben). Ihre Haltung ist in Mitteleuropa und nördlicheren Breiten einer eher kleinen Gruppe von Menschen, wie einst Jean Delacour, mit großzügigen Volieren und wenig Bedürfnis nach Sicht- oder gar Körperkontakt mit ihren Tieren vorbehalten.[82] Aber wie kam es überhaupt dazu, dass diese scheue Vogelart ihre Reise um die Welt antrat?

Möchte man in die Tiefe der Zähmungsgeschichte eintauchen, bedarf es jedenfalls der Einbeziehung vieler verschiedener, oft eng miteinander verschränkter Disziplinen wie der Biologie, der Genetik, der Archäologie, der Anthropologie, der Sprach-, Geschichts- und Kulturwissenschaften. Eine ungewöhnlich große internationale Gruppe von rund zwanzig Forscherinnen und Forschern machte es sich unlängst zur Aufgabe, die Geschichte des Haushuhns im Detail zu ergründen.[83] Sie nahmen dabei Hunderte wissenschaftliche Publikationen unter die Lupe, beforschten archäologische Funde – sofern vorhanden – nochmals mit modernen Methoden und sezierten akribisch jede Argumentation, die in diesen Studien verwendet worden war, um den Weg des Haushuhns rund um den Planeten nachzuzeichnen. Die Entdeckungen, die dieses interdisziplinäre Projekt im Frühling 2022 zutage förderte, waren so bahnbrechend, dass sie es sogar in die Tageszeitungen schafften.

Das Huhn – so die überraschende Erkenntnis – sei vermutlich vor etwa 3.400 Jahren in Thailand, Myanmar, Nepal, jedenfalls aber in Südostasien, domestiziert worden. Es gäbe zumindest bisher keinerlei Beweise für eine frühere Zähmung des Bankivahuhns. Alle älteren Funde seien entweder falsch datiert worden, gründeten auf Missinterpretationen oder wären korrekterweise gar nicht dem Haushuhn zuzuordnen. *Gallus gallus* zählt damit zu den jüngeren domestizierten Haustieren. Seine Zähmung liegt Jahrtausende (!) nach dem Rind, dem Schaf und der Ziege (alle vor ca. 10.000 bis 11.000 Jahren), dem Schwein (vor ca. 8.000 Jahren), Pferd, Esel, Wasserbüffel, Lama und Alpaca (vor ca. 5.500 Jahren), dem Seidenspinner (vor ca. 5.000 Jahren) und natürlich dem Hund (vor mindestens 15.000 Jahren).[84]

Wie konnten sich Hunderte Forscher davor nur so irren? Zuerst muss man die modernen Methoden ins Treffen führen, die heute zur Verfügung stehen. Hierbei ist besonders die Radiokarbonmethode hervorzuheben, die eine Altersbestimmung von organischen Überresten innerhalb einer Zeitspanne von fünfzig bis 30.000 Jahren mit einer Genauigkeit von dreißig Jahren ermöglicht.[85] Diese sichere, aber kostenaufwendige Methode wurde und wird oft nicht angewendet, weil man sich auf eine Datierung anhand der archäologischen Schichten beschränkt(e). Hühnerknochen werden aber – wie viele tierische Überreste – häufig in tieferen Ausgrabungsschichten gefunden, weil sie von Menschen einer späteren Epoche (z. B. als Hausmüll) vergraben und somit in die Tiefe eingearbeitet worden sind, weshalb ihr Alter oft fälschlicherweise mit anderen Objekten dieser Schicht gleichgesetzt wird. Viele Hühnerknochen seien daher jünger, ja sogar oft sehr viel jünger als die Menschenknochen oder Artefakte einer Grabung, bei der mitunter nicht nach modernen Ausgrabungs- und Datierungsmethoden vorgegangen wurde.[86] So wurden in Bulgarien, Marokko und Frankreich Knochen ursprünglich um bis zu 7.500 Jahre älter geschätzt, als sie tatsächlich waren. Bei vier der untersuchten Proben handelte es sich gar um Hühnerknochen, die jünger als siebzig Jahre waren. Nur bei fünf von 23 Proben aus ganz Europa konnte die ursprüngliche Datierung bestätigt werden.[87]

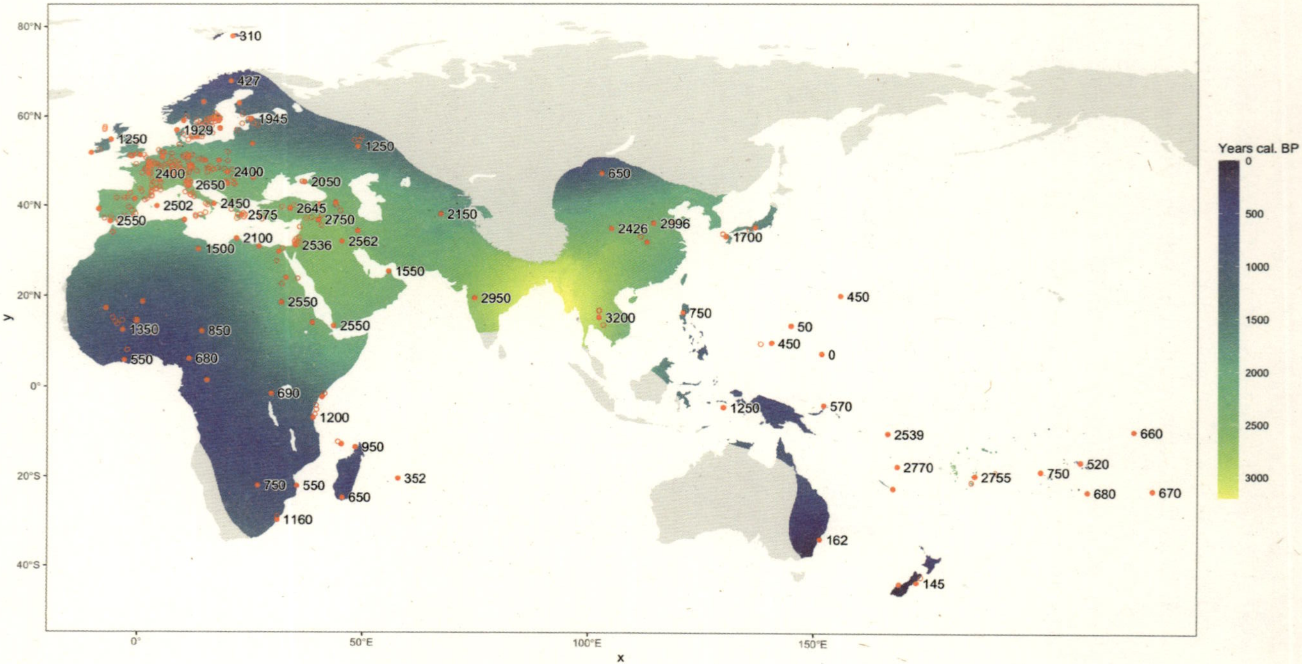

Years cal. BP
0
500
1000
1500
2000
2500
3000
80°N
60°N
40°N
20°N
0°
20°S
40°S
y
0°
50°E
100°E
150°E
x
310
427
1945
1929
1250
1250
2400
2400
2650
2050
2502
2450
2575
2645
2750
2550
2150
2100
2536
2562
1500
1550
2550
2950
1350
850
2550
550
680
690
1200
950
352
750
550
650
1160
650
2426
2996
1700
3200
750
450
50
450
0
1250
570
162
145
2539
2770
2755
750
520
680
660
670

Abbildung 3.1: Mögliche Verbreitung des Haushuhns über Eurasien, Afrika und Ozeanien. Zeitangaben in Jahren vor heute. Rote Punkte bezeichnen älteste belegte Einzelfunde mit neu berechneter, gesicherter Altersangabe. Das Huhn ist heute weltweit verbreitet. Graue Flächen konnten bei der Berechnung der Karte aufgrund der Datenquelle jedoch nicht berücksichtigt werden.

Die Erwähnungen und Darstellungen von Haushühnern, die oft dort als Evidenzen herangezogen werden, wo es an Knochenfunden fehlt, wurden ebenfalls hinterfragt und viele davon widerlegt, weil diese mutmaßlichen Belege offenbar anderen Vogelarten gewidmet waren. Ebenso wurden vermeintliche Hühnerknochen jetzt als Enten- oder Fasanenüberreste identifiziert.[88] Besonders bei asiatischen Funden ist außerdem die Unterscheidung zwischen wilden Bankivahühnern und antiken Haushühnern schwierig.

Einige Antworten zu offenen Fragen kann aber die Genetik beisteuern. So wurde gezeigt, dass das Burma-Bankivahuhn *Gallus gallus spadiceus* mit Sicherheit der einzige Vorfahr unseres Haushuhns ist, es jedoch später Kreuzungen und eventuell auch Vermischungen mit anderen Unterarten (*Gallus gallus murghi* und *Gallus gallus gallus*) gegeben hat und sogar andere *Gallus*-Arten bei den Haushühnern eingekreuzt wurden.[89]

Abbildung 3.2:
Gallus gallus spadiceus
Hahn.

Abbildung 3.3:
Gallus gallus Henne.

Wie die Domestikation tatsächlich vonstattengegangen ist, bleibt spekulativ. Doch wie schon William Beebe vermutete und später auch Collias und Saichuae argumentierten, fühlen sich Wildhühner im südostasiatischen Raum in der Nähe von Siedlungen besonders wohl.[90] Das Futterangebot ist dort für die Allesfresser günstig. Die Brandrodung, die der Anlage von Feldern vorangeht, ebnet den wilden Bankivahühnern den Weg durch den Dschungel. Auch der danach aufkeimende Sekundärwald sowie Bambussprossen kommen ihnen als Nahrungsquelle sehr gelegen.[91] Die Hypothese, dass Hühner vielleicht als sogenannte *Kulturfolger* mit menschlichen Siedlungen assoziiert sind, sich sozusagen selbst domestiziert haben, indem sie die Nähe zum Menschen suchten[92], wurde von den Forschern rund um Joris Peters untermauert.[93] Sie fanden eine auffällige Koinzidenz mit dem Beginn des Reis- und Hirseanbaus in diesen Gebieten und den Knochenfunden von Hühnern in menschlichen Siedlungen. Es ist wahrscheinlich, dass einst Vögel gefangen und gefüttert oder die Jungen aufgezogen wurden. Die Menschen machten sich vermutlich damals schon den Instinkt der frisch geschlüpften Hühnerküken, jedem sich bewegenden Ding zu folgen, zunutze.[94] Heute beobachtet man, dass so aufgezogene Vögel zwar wieder in den Dschungel zurückkehren, wenn man sie nicht daran hindert, dennoch aber mit jeder Generation etwas an Scheu verlieren. Es handelt sich dabei bereits um eine – nicht unbedingt bewusst erfolgte – einfache Form der Zuchtselektion auf Zahmheit, die mit der Domestikation jeder Tierart einhergeht.[95]

Ab wann Hühner zahm wurden, ist einerseits Definitionssache und andererseits ein großes Rätsel, das man nur mithilfe akribischer wissenschaftlicher Detektivarbeit und modernster genetischer Methoden lösen kann. Domestikation kann man mit Fokus auf die veränderte Beziehung zwischen der *zähmenden* und *gezähmten* Spezies beschreiben, durch die schließlich beide profitieren.[96] Bei der Zähmung durch den Menschen verändert sich die – fortan sogenannte – *Haustierart* genetisch oft sehr stark. Besonders das äußere Erscheinungsbild und das Verhaltensrepertoire entwickeln sich unter menschlicher Obhut und Selektion rasant schnell weiter. Die Voraussetzung für Domestikation ist eine gewisse Nahbarkeit durch den Menschen. Da das heute lebende Bankivahuhn als besonders scheu bekannt ist, bleibt offen, ob die früheren Wildvögel um 1500 v. Chr. ebenso vorsichtig gegenüber Menschen waren oder ob sich dieses Verhalten erst durch den Jagddruck und den damit verbundenen Gebrauch von Schusswaffen entwickelt hat.[97]

Der jahrtausendealte Weg vom Dschungelgeflügel zu den Hunderten Haushuhnrassen, der in der Zucht von Milliarden von Hochleistungslegehennen und Masthühnern (Broilern) gipfelt, hat vielerlei Spuren in der genetischen Ausstattung der Hühner hinterlassen. Es wurden bisher über zwanzig genetische Abweichungen zur Wildform bei verschiedenen Rassen identifiziert, die die menschliche Selektion widerspiegeln.[98] In der jahrtausendealten Geschichte des Huhns hat der Mensch durch Zucht die Selektion willentlich beeinflusst. Somit wurden manch genetische Mutationen in alle Haushühner eingekreuzt, sodass ein Überleben in freier Natur für sie kaum bzw. gar nicht mehr möglich wäre. An dieser Stelle sollen nur die deutlichsten Unterschiede herausgestrichen werden.

Der bedeutendste Unterschied zwischen Haus- und Wildhühnern ist sicherlich die Abkopplung der Vermehrung von der Jahreszeit. In freier Wildbahn ist das Leben für Bodenbrüter gefährlich, und während der Bebrütungszeit von 19 bis 21 Tagen befinden sich die Hennen in Lebensgefahr. Haushühner legen nicht mehr nur im Frühling, sondern mitunter täglich ein Ei, im Jahr achtzig bis 150 (Rassehühner), ja sogar 320 Eier (Legehybride), während Bankivahühner – wie alle Wildvögel – nur während ihrer Brutsaison (von Januar bis Juni, mit einem Höhepunkt von März bis Mai[99]) einige wenige Eier legen. Diese genetische Anomalie auf Chromosom 5 konnte sich nur unter menschlicher Obhut durchsetzen, weil die Tiere hier nicht mehr der natürlichen Selektion unterliegen. Da der Schutz vor Fressfeinden und die garantierte Versorgung mit energiereichem Futter ebenfalls gegeben sind, können sich Haushühner aufgrund dieser Mutation das ganze Jahr über vermehren und legen deshalb auch mehr Eier.[100]

Eine Forschergruppe rund um den britischen Genetiker Linus Girdland Flink hat anhand von Knochenfunden und modernen Haus- und Wildhühnern gezeigt, dass diese Mutation erst relativ spät fixiert wurde.[101] Bis zum 16. Jh. n. Chr. war sie zwar vorhanden, aber bei Weitem noch nicht bei allen Haushühnern. Der älteste archäozoologische Fund, der auf diese Anomalie hinweist, stammt aus dem Griechenland des 3. Jh. v. Chr. Das bedeutet, dass wohl die alten Griechen und auch die Römer schon einige Hühner hielten, die rund ums Jahr Eier legten. Aus römischen Zeitzeugnissen lernt man auch, dass Eier bereits regelmäßig verzehrt oder für medizinische Zwecke genutzt wurden.[102] Die Verbreitung dieses Phänomens über ganz Eurasien dauerte aber noch eineinhalb Jahrtausende. Etwa 43 % der in der Studie untersuchten Haushühner aus dem Zeitraum zwischen 200 v. Chr. und 1800 n. Chr. waren mit dieser Fähigkeit noch nicht ausgestattet.[103] Das wiederum bedeutet, dass Hühner in Asien ursprünglich sicher nicht ihrer Eier wegen gezähmt und gezüchtet wurden.[104] »Bei einem Gelege von 5 bis 6 Eiern pro Jahr wäre das ein äußerst luxuriöses Frühstück gewesen«, bemerkt Christine J. Nicol in ihrem Buch *The Behavioural Biology of Chickens*.[105]

Ein weiterer interessanter physiognomischer Unterschied zum Bankiva ist die gelbe Haut vieler unserer Haushuhnrassen. Glaubte man früher, helle Haut wäre willentlich vom Menschen durch Zuchtauswahl selektiert worden[106], weil sie auf dem Teller appetitlicher erscheint, so ist man jetzt sicher, dass diese Merkmale erst durch späte Einkreuzung des Sonnerathuhns zustande kam.[107] Weiße Haut – und damit auch helle Läufe – sind unpigmentiert und erscheinen bei Einlagerung von Carotinoiden gelb.[108] Man vermutet, dass asiatische Rassen mit dem Sonnerathuhn gekreuzt wurden und solche Tiere dann in Europa eingeführt und mit europäischen Rassen weitergezüchtet wurden. Dies geschah vermutlich erst vor rund 500 Jahren. Viele hellhäutige Rassen zeichneten sich durch schnelles Wachstum und andere günstige Zuchteigenschaften aus und wurden so wiederum im Laufe der Zeit über den ganzen Globus verbreitet – und mit ihnen die weiße und gelbe Haut.[109] Die bei einigen heutigen Rassen vorkommenden dunklen Beine (pigmentierte Haut) sind auf die alleinige Abstammung vom Bankivahuhn zurückzuführen.[110]

Lebensraumverlust, Störungen und Brandrodungen[111] während der Brutzeit, Überjagung bzw. Wilderei[112] und Eierdiebstahl[113] haben die Bankivahuhnpopulation in den letzten hundert Jahren weltweit in Bedrängnis gebracht. Da das Bankivahuhn den seltenen Fall einer Haustierart repräsentiert, deren wilde Vorfahren noch in freier Wildbahn vorkommen[114], versucht man aber nun verstärkt, die Art nicht nur vor den bereits bekannten Bedrohungen zu bewahren, sondern auch der bereits erwähnten Einkreuzung von Haushühnern Einhalt zu gebieten: Durch Vermischung der Genpools können Merkmale, die ein Überleben in freier Wildbahn erschweren, vom Haushuhn auf das Wildhuhn übergehen.[115] So wird das Erbgut der Wildhühner immer weiter getrübt, sodass es bald nur noch Hybride geben könnte. Da diese Vermischung im Erscheinungsbild der Vögel nicht immer gleich zu sehen ist, wird für eine Neueinschätzung des Bedrohungsstatus plädiert.[116] Als Schutzmaßnahmen versucht man etwa, Populationen des Bankivahuhns weiterhin von menschlichen Siedlungen fernzuhalten. Die Zucht von Bankivahühnern in Gefangenschaft mit anschließender Auswilderung birgt unter anderem die Gefahr, dass solche Hühner durch die sichereren Bedingungen in Gefangenschaft unvorsichtiger werden und in freier Wildbahn dann leichte Beute für Raubtiere sind, wie eine verhaltensbiologische Studie aus Schweden zeigte.[117] Diese Schutzstrategie ist daher wenig nachhaltig.

Mancherorts werden Nationalparks eingerichtet und

Schutzgebiete ins Leben gerufen, um die Art vor Einkreuzung zu schützen. In anderen Gebieten herrscht die Auffassung, dass das Fangen von erwachsenen Tieren und die Aufzucht von Bankivaküken Schutz genug sei. Gängige Methoden, mit denen Wildgeflügel auch heute noch gefangen wird, sind Netze und Schlingen, in deren Mitte ein Haushahn angebunden wird, der als Lockvogel dient. Die gefangenen Wildhähne werden dann in die Haushuhnscharen eingegliedert und mit zahmen Hennen verpaart. Hier spiegelt sich gut wider, wie eng Wildhühner mit menschlichen Siedlungen verbunden sind, und wohl auch, wie die Domestikation einst vonstattengegangen sein könnte.[118] Doch sehen dort auch staatliche Institutionen keine Notwendigkeit für gezielte Schutzmaßnahmen, wie etwa die Eindämmung des Wildfangs.

Beebe stellte 1926 fest, dass das Fluchtverhalten der Haushühner in Südostasien sich sehr von den europäischen und amerikanischen Haushuhnrassen unterschied und stark dem des Wildgeflügels ähnelte, was er auf immer wiederkehrende Durchmischung mit den wildlebenden Nachbarn zurückführte.[119] Bankivahühner sind gute Flieger und die Haushühner, die ihnen noch ähnlich sind, ebenso. So beschreibt Beebe etwa eine typische Begegnung mit einer Hühnerschar auf seiner Reise: »Wenn man auf dem Weg […] eine Gruppe Hühner trifft, werden diese, anstatt davonzustürmen oder mit ängstlichem Geschrei und zögerlichem, unbeholfenem Flügelschlagen auf den nächsten Ast zu flattern, rasch aufsteigen und gemeinsam mit größter Leichtigkeit über den Hang fliegen, ganz so wie ein Taubenschwarm, einen Kreis beschreiben und sich in einiger Entfernung hinter einem auf der Straße wieder niederlassen«.[120] Collias und Collias berichten davon, dass, wenn Bankivahühner mit Küken eine offene Fläche, etwa eine Straße, überquerten, die Henne schnell lief, während die nur wenige Tage alten Küken »gleich einem Schwarm Haussperlingen« über die Straße flogen.[121]

Collias und Saichuae erzählen von ihren Erlebnissen mit wilden und zahmen Bankivahühnern und deren Hybriden in Malaysien und berichten auch darüber, dass man an Siedlungsrändern häufig gemischte Hühnerscharen anträfe, sodass man Bankivas und Haushühner gemeinsam bei der Futtersuche beobachten könne. Die wilden Hühner seien leicht daran zu erkennen, dass sie bei Gefahr stets in den Wald liefen, während die Haushühner sich dem Dorf zuwendeten.[122] Wenn Bankivaeier von Haushennen ausgebrütet werden, verlassen die so entstandenen Küken später als erwachsene Tiere das Dorf, um im Dschungel zu leben, brüten aber häufig in der Nähe. Die Hähne neigen dazu, sich später mit Haushennen zu verpaaren. Die erste Mischlingsgeneration ist zwar weniger scheu, lässt Menschen aber trotzdem nicht näher als dreißig Meter an sich heran. Die nächste Generation – Haushühner gekreuzt mit Mischling – bleibt bereits im Dorf.[123]

Ursprüngliche Bankivahähne zeigen einen deutlichen Unterschied zwischen Prachtkleid (in der Balzsaison) und Schlichtkleid: Nach der Sommermauser verschwinden die prachtvollen bunten Schmuckfarben im Schwanzgefieder und werden durch schlichte, runde schwarze Konturfedern ersetzt. Der Kamm wird kleiner und blasser.[124] Auch unterscheidet sich das Jugendkleid bei einjährigen Hähnen noch deutlich vom Erwachsenengefieder.[125] Einen solch krassen Unterschied findet man bei unserem Hausgeflügel nicht mehr, das Schlichtkleid fehlt beim Haushahn gänzlich.[126] Als die amerikanischen Biologen Lehr I. Brisbin und Town Peterson 1998 über 700 Bankiva-Bälge in Museen untersuchten, stellten sie fest, dass bereits 1860 das Schlichtkleid bei vielen Wildhähnen verschwunden war.[127] Eine bedenkliche Entwicklung, die ein Zeichen für die bereits lang anhaltende Einkreuzung von Haushuhngenen in die Bankivapopulation ist.

Dieselben belegten außerdem 2007 in einem Kreuzungsexperiment unter kontrollierten Laborbedingungen, dass selbst die von ihnen als pure Bankivahühner vermuteten Tiere bereits in hohem Maße Haushuhnmerkmale mitbrachten.[128] Restbestände aus der Zucht für das *Foreign Game Introduction Program* (FGIP) wurden vor Kurzem wiederentdeckt, da sie – wegen ihrer sorgfältigen Isolation in Gefangenschaft – einen Genpool von überraschender Reinheit aufweisen. Es könnte sein, dass es sich bei dieser vor fast siebzig Jahren separierten Population um die letzten reinblütigen Bankivahühner handelt.[129] Unterstrichen wird diese These auch dadurch, dass sich diese Population seit siebzig Jahren überhaupt nicht zähmen lässt. Züchter berichten, dass andere *Gallus*-Individuen in Gefangenschaft zwar scheu, aber nicht panisch auf Annäherung reagieren würden. Bei den FGIP-Bankivas besteht jedoch die Gefahr, dass sie einen Herzinfarkt erleiden. Außerdem kommt es regelmäßig zu Verletzungen, wenn die Tiere in Volieren versuchen, im Flug nach oben zu entkommen.[130]

Brisbin und Peterson berichten, dass in ihrem Experiment mit FGIP- und Haushuhnmischlingen die Küken der ersten Generation Menschen gegenüber scheu waren. Das Experiment war sogar gefährdet, weil einige Jungtiere in Panik durch die Käfigwände zu entkommen versucht und sich so beinahe selbst getötet hätten; und das, obwohl ihre Mutter, die sie ausgebrütet und aufgezogen hatte, eine ganz und gar zahme Zwerghenne war.[131] Es bleibt ein Mysterium, warum es überhaupt möglich war, dass gerade diese *Gallus*-Art zum wichtigsten Haustier der Menschheit wurde. Spekulativ könnte man aber sagen: Vielleicht war die Selektion auf Scheu bei den wilden Bankivahühnern der Grund dafür, dass sie die diversen Wellen der Überjagung für ihr Fleisch oder ihre Federn überstehen konnten.

Domestikation bewirkt – allein durch die voranschreitende Gewöhnung an den Menschen von einer Generation zur nächsten – auch stets eine gewisse Veränderung im Verhalten der Tiere. Am Anfang stehen die am wenigsten scheuen Tiere einer Population, denn nur sie ertragen die Nähe der Menschen. So stellte eine schwedische Biologinnengruppe in ihrer Studie fest, dass Selektion auf Zahmheit bei Bankivahühnern in nur vier Generationen ein größeres Körpergewicht, größere Eier, größeren Nachwuchs, gesteigerte Dominanz in sozialen Begegnungen sowie einen besseren Gefiederzustand bewirken konnte.[132] In einer späteren Studie, die bereits acht Generationen umfasste, waren die Nachfahren noch zahmer geworden, waren bessere Futterverwerter und hatten ein kleineres Gehirn.[133] Diese Merkmale sind bei allen erfolgreich domestizierten Haustierarten zu beobachten. Zahmere Tiere sind deshalb auch besser an die neue Umgebung angepasst. Doch konnte in diesen Studien nachgewiesen werden, dass das ausschlaggebende Merkmal der selektierten Tiere die geringere Angst vor dem Menschen war, welche alle anderen Eigenschaften als Nebeneffekte nach sich zog.[134] Das mag ein Grund sein, warum es einst doch gelang, das Bankivahuhn zu zähmen: Die zutraulichsten Tiere waren die, die sich auch domestizieren ließen. Sie fügten sich schließlich von Generation zu Generation besser in ihre neue Lebenswelt ein.[135]

Zusammenfassend: Das »reine« Bankivahuhn ist durch die Durchmischung mit den eigenen Nachfahren bedroht, die durch die Menschheit wiederum genetisch verändert wurden. Und es braucht weitere Schutzmaßnahmen, um diese hochgradig gefährdete Wildvogelart vor dem Verschwinden zu bewahren.

ZWEI AUGEN SEHEN MEHR ALS ZWEI

Wer mit den Hühnern schlafen geht, ist kein Abendmensch. Denn wenn die Schatten länger werden, macht sich das Federvieh gemütlich auf den Weg zur Tränke und zum Futterplatz, um sich für die Nacht noch ausreichend zu laben. Eilig geht es schließlich in den Stall oder auf einen sicheren Ast, bevorzugt in einem gut geschützten Baum oder Strauch; denn Hühner sind strikt tagaktiv: In der Nacht wird geschlafen. Während die meisten Hennen noch tief schlummern, krähen die Hähne bereits lange vor Sonnenaufgang, manchmal auch unvermutet mitten in der Nacht, wenn ein Lichtstrahl oder Blitz die Dunkelheit erhellt. Ansonsten verhalten sich Hühner zu nächtlicher Stunde aber lieber ruhig – dem Instinkt folgend, keine Fressfeinde anzulocken. Erst in der Dämmerung macht sich die Schar ans Tagewerk. Dieses Verhalten ist gekoppelt mit der starken Fokussierung auf den Sehsinn – den mit Abstand wichtigsten Sinn, den ein Huhn zur Verfügung hat.

Sehen

Bereits von außen betrachtet sind Hühneraugen spannend: Eingebettet in die meist rötliche, derbe Haut des Hühnergesichts blicken sie einen durch runde Pupillen stets aufmerksam an. Sie haben ein Ober- und Unterlid und zusätzlich eine transparente Nickhaut, welche sich seitlich über das Auge schieben kann. Das Oberlid ist bei vielen Hühnern nicht ganz geöffnet, was manchen einen sympathischen »Schlafzimmerblick« verleiht. Die Augenfarbe ist bei vielen Rassen als Standard festgelegt[136]: Sie reicht von Grün über Gelb, Rot und verschiedene Brauntöne bis hin zu tiefem Schwarz. Durch die seitliche Anordnung am Kopf erfassen Hühner ein Blickfeld von etwa 300 Grad.[137] Nur direkt vor der Schnabelspitze und hinter sich sehen sie nichts. Möchte man ein Huhn fangen, nähert man sich daher am besten rasch von hinten und möglichst in einer Linie mit dem Hühnerkamm.

Dass Hühner wie alle Vögel stark auf den optischen Sinn ausgerichtet sind, zeigt sich an der Größe der Augen im Verhältnis zum Gehirn. Bereits am vierten Tag der Bebrütung ist das Auge des Kükens als großer dunkler Fleck, der etwa ein Drittel des Embryos ausmacht, gut zu erkennen.[138] Hühneraugen sind auch mit mehr Sinneszellen ausgestattet und verfügen über 40 % mehr Nervenstränge in der Netzhaut als Menschen.[139] Der Schwerpunkt liegt im Farbsehvermögen, das besonders im blauen und roten Spektralbereich jenes von uns Menschen übertrifft, obwohl das Farbsehen zu den menschlichen Stärken zählt.[140] Hühner besitzen zusätzlich einen vierten Typ Zapfen (den Sinneszellen, die für das Farbsehen zuständig sind) und können damit besser im roten und ultravioletten Farbspektrum sehen. Dieses sehr ausgeprägte Farbsehen bei tagaktiven Vögeln wie den Hühnern hat aber eine Einbuße im Dämmerungs- und Dunkelheitssehen zur Folge: Sie sehen bei schlechten Lichtverhältnissen so gut wie nichts.[141] Dazu kommt, dass im Zuge der Zuchtauswahl mit Fokussierung auf Legeleistung und Fleischansatz unsere Haushühner zwar insgesamt an Körpergröße zugelegt haben, die Augen im Verhältnis dazu auch größer wurden, die Augenmuskulatur und -nervatur sich jedoch nicht entsprechend mitentwickelt haben. Haushühner haben verhältnismäßig kleinere Pupillen als Bankivahühner und sehen daher noch schlechter in der Dämmerung.[142]

Bilder müssen kontinuierlich über eine Zeitspanne von 20 Millisekunden auf dem Hühnerauge auftreffen, um richtig verarbeitet zu werden. Das ist der Grund, warum Hühner über ihren speziellen, viel parodierten Gang verfügen, bei dem der Kopf an der gleichen Stelle verharrt, während sich der Körper weiterbewegt. Die Augen müssen eine Zeitlang in gleicher Position gehalten werden, denn nur so können sie scharfe Bilder einfangen. Hebt man ein Huhn auf und wiegt es hin und her, ist es bemüht, den Kopf möglichst in derselben Lage zu belassen.[143]

Der Sehsinn der Hühner müsste eigentlich im Ranking der Sinnesleistungen die doppelte Punktezahl erhalten, denn sie verfügen über eine erstaunliche Gabe: Sie verarbeiten die beiden Bilder, die mit dem linken und dem rechten Auge wahrgenommen werden, unabhängig voneinander. Damit sind sie in der Vogelwelt zwar nicht allein, doch bei ihnen ist dieses Phänomen besonders gut erforscht.[144] Hühner schauen häufig mit schief gerecktem Kopf nach oben, um nach Beutegreifern Ausschau zu halten.[145] Es lohnt sich zu beobachten, welches Hühnerauge dabei nach oben und welches nach unten blickt. Sie suchen auf dem Boden nach Nahrung, können gleichzeitig aber den Himmel nach Fressfeinden im Blick behalten, wie etwa in Abbildung 4.1.

Abbildung 4.1: Der Blick nach oben mit dem linken Auge hat vor allem den Zweck, Fressfeinde – besonders Raubvögel – zu erspähen.

Dieses sogenannte *monokulare Sehen* und die damit verbundene getrennte Wahrnehmung und Verarbeitung zweier Bilder ist nur durch eine stark ausgeprägte Lateralisation des Gehirns möglich. Darunter versteht man die asymmetrische Aufteilung der Funktionen verschiedener Gehirnstrukturen auf die beiden Gehirnhälften. Es ist also eine Seite des Gehirns besser für eine Aufgabe gerüstet als die andere. Lateralisation findet bereits im Ei statt, da die meisten Küken vor dem Schlupf mit dem rechten Auge nach oben liegen und durch die höhere Lichtexposition – durch die Eischale hindurch – das rechte Auge und die damit verbundene linke Gehirnhälfte besser entwickelt sind.[146] Die linke, früher entwickelte Hirnhälfte ist nach dem Schlupf für die überlebensnotwendige Futtersuche und die Orientierung zuständig – die Aufmerksamkeit ist eher dem Boden zugewandt. Die rechte Hirnhälfte hingegen dient der Erkennung von Artgenossen und potenziellen Gefahren bzw. allem Neuen, Unbekannten. Haubenhühner, wie das in Abbildung 4.1., sind oft in ihrem Sichtfeld eingeschränkt, was sie daran hindert, den »Über-blick« zu bewahren. Auch andere sensorische Fähigkeiten sind durch die Lateralisation betroffen, doch beim Sehsinn wird sie besonders offensichtlich.

Die Abbildungen 4.2 und 4.3 zeigen, dass mit zunehmender Entwicklung im Ei das linke Auge (assoziiert mit der rechten Hirnhälfte) vom Körper des Kükens bedeckt wird. Es zieht in seiner Entwicklung erst etwa am zehnten Lebenstag nach – rechtzeitig, wenn das Junge beginnt, sich von der Glucke zu entfernen, und daher aufmerksamer auf andere Hühner und Gefahren werden muss. Davor wird es von der Mutter beschützt und kann all seine sensorischen Fähigkeiten der Futtersuche mit dem besser entwickelten rechten Auge widmen. Als Nestflüchter muss es diese größtenteils selbst übernehmen, wenn auch mit Unterstützung der Glucke.

Abbildungen 4.2 und 4.3: Lage im Ei. Küken, die im fortgeschrittenen Entwicklungsstadium im Ei gestorben sind.

Abbildungen 4.2: Blick auf die linke Seite. Das linke Auge ist vom eigenen Körper und Bein verdeckt.

Abbildung 4.3: Blick auf die rechte Seite. Auf dem Bauch der Dottersack. Das rechte Auge zeigt nach oben, das linke ist vom linken Bein und Fuß verdeckt.

Im Laufe der Entwicklung entspinnen sich auch Geschlechterunterschiede bei der Verwendung der Augen: Erwachsene Hennen verwenden eher das rechte Auge für die Erkennung von ihnen bekannten Hühnern und das linke für die Erkundung von unbekannten, neuen Stimuli, während Hähne das rechte Auge kaum für soziale Interaktionen benützen, sondern hauptsächlich mit dem linken Auge wachsam bleiben, damit ihre Artgenossen inspizieren und generell mehr an Neuem interessiert sind.[147]

In der Forschung hat man sich darüber Gedanken gemacht, ob es Sinn macht, die Eier in der industriellen Haltung mehr oder weniger Licht auszusetzen, um die unterschiedliche Entwicklung der Hirnhälften in den heranreifenden Embryonen zu fördern oder eben zu mindern. Die Gehirne im Dunkeln ausgebrüteter Küken zeigen kaum Lateralisation und auch wenig Vernetzung der Hemisphären untereinander, beide Gehirnhälften sind »gleich stark«, was auch bewirkt, dass sie einander nicht behindern können. Solche Tiere neigen zu Fixierung auf einen Punkt ihrer Wahrnehmung und können dann von diesem nicht mehr ablassen. Das kann wiederum verstärkt zu Depression, Aggression oder Angstzuständen führen. Dominiert – wie unter natürlichen Bedingungen – die linke Gehirnhälfte, fühlen sich Hühner normalerweise wohler, weil die rechte Hälfte, die für Aggression und Angst zuständig ist, unterdrückt werden kann.[148] Das Ergebnis im Versuch hat gezeigt, dass Küken, die während der Bebrütung ein wenig Licht ausgesetzt sind, sich in Räumen besser orientieren können und daher auch *Enrichment*-Angebote, also solche, die der Beschäftigung in an sich reizarmen Umgebungen (in Gefangenschaft) dienen, besser annehmen können.[149]

Das rechte, anfangs besser entwickelte Auge ist daher mehr für die »Bodenarbeit«, die Futtersuche, -erkennung und -unterscheidung zuständig, während das linke Auge aufmerksamer auf Neuigkeiten und so auch auf potenzielle Bedrohungen reagiert und besser für die Unterscheidung von Artgenossen zu gebrauchen ist.[150] Dabei müssen diese allerdings relativ nahe sein, denn in der Ferne scheinen Hennen bekannte Individuen nicht von fremden unterscheiden zu können[151], ebenso wenig auf Videofilmen.[152] Es wäre allerdings falsch, daraus Schlüsse über die generelle Fähigkeit, andere Hühner voneinander zu unterscheiden, zu ziehen. Im Experiment sehr erfolgreich sind Hennen etwa, wenn es um die Unterscheidung von Artgenossinnen auf Farbfolien geht: Sie können sogar darauf trainiert werden, verschiedene Tauben zu unterscheiden.[153]

Wohl können auch Bilder, mit beiden Augen aufgenommen, zu einem kombiniert werden. Man spricht dann von binokularem Sehen. Dieses kann bei der Erkennung von Artgenossen, am besten auf einer Distanz von weniger als 20 cm[154], und der Futtersuche bzw. der Orientierung im Raum von Vorteil sein.[155] Die Bedeutung des binokularen Sehens ist aber noch mysteriös, da Vogelgehirne nicht über einen Hirnbalken oder eine ähnliche Struktur verfügen, die beide Hirnhälften miteinander verbindet, sondern eher einzelne Nervenstränge die Seiten überkreuzen.[156]

Der Sehsinn spielt eine wichtige Rolle bei der Entwicklung grundlegender Verhaltensweisen. So fungiert die Wahrnehmung spiegelnder Oberflächen als Auslöser, auf solche Flächen zu picken.[157] Erst durch das Befeuchten der Schnabelspitze wird der Trinkreflex ausgelöst. Dies spielt besonders bei der industriellen Aufzucht von Hühnern eine Rolle, bei der es an Glucken und generell älteren Artgenossen fehlt, von denen frisch geschlüpfte Küken lernen könnten. Um Kannibalismus und andere störende Verhaltensweisen mit ökonomisch negativen Auswirkungen in der industriellen Haltung zu minimieren, wurde angedacht, genetisch blinde Hühner als Erfolgsmodell zu züchten.[158] Man kam zum Glück wieder von der Idee ab, Tiere mit einer angeborenen Behinderung auszustatten, wenn auch nicht (nur) aufgrund ethischer Bedenken. Ein blindes Huhn findet wohl manchmal ein Korn, doch entwickelt es sich nachweislich sehr viel schlechter als ein sehendes und zeigt außerdem bedenkliche Verhaltensabnormitäten.[159] Denn Hühner orientieren sich auch bei der Futtersuche fast ausschließlich mithilfe des optischen Sinns. Futter wird primär an seiner Form und erst danach haptisch (mit der Schnabelspitze) und gustatorisch bewertet.

Dies bewies eine bemerkenswerte Versuchsreihe des deutschen Forschers Carlheinrich Engelmann aus den 1940er-Jahren. Er stellte Hühner verschiedenen Alters vor die »freie Wahl« verschiedener Futtermittel.[160] Er untersuchte akribisch, welche Präferenzen angeboren wären und anhand welcher Kriterien sich neue Vorlieben entwickelten. Dazu bot er nicht nur Tieren mit unterschiedlichen Vorerfahrungen verschiedene Futtermittel an, sondern ließ sie auch aus Bildern von Mais-, Roggen- und Weizenkörnern auswählen, stellte sie vor Haufen diverser Saaten, mahlte und schrotete verschiedene Getreide, färbte sie ein, und formte sogar aus Mehlen Körner, die den Tieren vorgaukelten, sie hätten es mit Weizen zu tun, obwohl es sich bei dem dargebotenen Futter tatsächlich um Maisschrot in Weizenkornform handelte. »Als die Küken zum ersten Male lose, verzehrbare Körner sahen, gingen sie zunächst vorzugsweise zum Roggen. Nach wenigen Versuchen schlug ihre Wahl zum Weizen um, den sie zuletzt ausschließlich annahmen. Die Erbsen lehnten sie völlig ab. Vor zwei Haufen von Weizen und Roggen verhielten sich die Küken wie die Erwachsenen: Sie bevorzugten den Weizen. Angeboren ist demnach, soweit bisher festgestellt, allein die Vorliebe für längliche Formen. Vorwiegend taktile Erfahrungen, nach Maßgabe der Eignung zu leichtem Verzehr, kleiden dies anfangs recht leere Schema mit offenbar zahlreichen, bis ins Einzelne festgelegten Merkmalen aus«.[161] Engelmann lässt in seinen Ausführungen eine merkliche Bewunderung für das schnelle und detaillierte Lernvermögen, das bereits junge Hühnerküken in seinen Versuchen zeigten, mitschwingen – zu Recht, wie in Kapitel »Dummes Huhn – kluger Mensch?« noch näher dargelegt wird.

Riechen und Schmecken

Ein Huhn hat zwischen 300 und 500 Geschmacksknospen auf der Oberfläche der Zunge und in Gruben nahe den Speicheldrüsen am Gaumen.[162] Bitterer, sehr salziger und saurer Geschmack werden abgelehnt, gegenüber (leicht) salzigem oder süßem Geschmack zeigen Hühner – im Gegensatz zu den meisten Säugetieren – keine Präferenz. Man nimmt an, dass Hühner wahrscheinlich gar keine Süße wahrnehmen können, und sie sind – wie die meisten Vögel – völlig unbeeindruckt von der Schärfe des Chili-Inhaltsstoffes Capsaicin.[163]

Anders verhält es sich bei Wasser: Hühner können komplexere Geschmäcker unterscheiden und sind besonders empfindlich auf solche Geschmacksstoffe, wenn sie in Wasser gelöst sind[164], lehnen die Aufnahme solch »geschmacklich verunreinigten« Wassers dann auch strikt ab. Selbst wenn nicht völlig geklärt ist, ob Hühner Süßes als solches schmecken können, so sind sie wohl imstande, verschiedene in Wasser gelöste Zucker zu unterscheiden.[165] Hühner mögen kein warmes Wasser und können dabei Temperaturunterschiede von 3 °C wahrnehmen, sie sind außerdem sehr empfindlich bei der Wahl des Trinkwassers und ziehen geschmackloses und fließendes Wasser jeglichem anderen vor.[166] Trinkbrunnen haben sich bewährt, um Hühnern z. B. in Wasser gelöste Medizin »zu verkaufen«. Sobald der Trinkbrunnen läuft, gibt es einen regelrechten *Run* auf das Wasser. Evolutionär scheint dies damit erklärbar zu sein, dass Hühner als ursprünglich tropische Vögel auf die Qualität ihres Trinkwassers großen Wert legen müssen.

Der Geruchssinn der Vögel ist generell besser ausgebildet als ursprünglich angenommen, wie neuere Untersuchungen zeigen. Es besteht ein Zusammenhang zwischen der Größe des »Riechkolbens« (Bulbus olfactoris) im Gehirn und der Fähigkeit, in der Natur Gerüche zu unterscheiden.[167] Küken können bereits einen Tag vor dem Schlupf Duftstoffe wahrnehmen, und erst einmal geschlüpft, sprechen sie auf unmittelbar präsentierte Gerüche an, können Beutegreifer (etwa Katzen) wahrnehmen und reagieren gewarnt auf den Geruch des Blutes ihrer Artgenossen.[168] Manche Individuen können den Kot von Raubtieren und Pflanzenfressern unterscheiden und reagieren auf Ersteren mit erhöhter Aufmerksamkeit.[169] Allen vorliegenden Untersuchungen zufolge leiden Hühner unter der gesteigerten Ammoniakkonzentration in der Luft industrieller Großstallungen, die durch die Exkremente der Tiere selbst in Zusammenspiel mit unzureichender Stallhygiene und -belüftung entsteht.[170] Hühner scheinen außerdem einen individuellen Körpergeruch zu besitzen, der vom Sekret der Bürzeldrüse ausgeht. Zur Unterscheidung von Artgenossinnen wird jedoch primär der Sehsinn genutzt.[171]

Tasten

Die Haut ist überall mit Tastsinneszellen ausgestattet, welche so auch mit den Federn verbunden sind. Hühner spüren daher, wenn sie berührt werden und in welcher Position sich ihre Federn befinden.[172] Besondere Bedeutung kommt jedoch dem Schnabel zu. Dieser ist besonders an der Spitze mit Sinneszellen besetzt und spielt eine wichtige Rolle in der Futterauswahl und der Körperpflege. Die in Österreich nie, in Deutschland nicht mehr praktizierte, in der Schweiz nur in abgeschwächter Form erlaubte, in den USA und vielen anderen Staaten aber nach wie vor verbreitete Praxis des Schnabelkupierens (zur Vermeidung von Federpicken bei Artgenossen und Kannibalismusproblemen, die in der Massentierhaltung nicht selten auftreten) verursacht den Tieren Schmerzen und hat bei Hühnern mitunter starke Verhaltensstörungen zur Folge.[173] Diese deuten auf ein Schmerzempfinden ähnlich wie bei Phantomschmerzen nach der Abtrennung eines menschlichen Fingerglieds hin. Hühner mit kupierten Schnäbeln haben außerdem einen großen Nachteil bei der Futteraufnahme[174], wie sich aus Abbildung 4.4 erahnen lässt.

Abbildung 4.4: Henne, deren Schnabel im Kükenalter kupiert wurde.

Magnetischer Sinn

Wurde der magnetische Sinn bei Zugvögeln und Brieftauben bereits eingehend untersucht, so scheint es überraschend, dass auch Hühner, bei denen die Flugfähigkeit durch ihre bodennahe Lebensweise sehr eingeschränkt ist, ein solches intaktes Sinnessystem aufweisen. Auf den zweiten Blick jedoch macht eine weitere Orientierungshilfe für im dichten Strauchwerk des Urwalds lebendes Geflügel, das sich mitunter schwer an den Lichtverhältnissen orientieren kann und dessen Lebensraum immer wieder durch Unwetter und Stürme neu geformt wird, sehr wohl Sinn.[175] Obwohl noch nicht ausreichend geklärt, dominiert die Theorie, dass der magnetische Sinn in entsprechenden Zellen in der Netzhaut seinen Ursprung haben könnte.[176]

Hören

Bevor wir uns den anspruchsvollen Sozialstrukturen und den damit verbundenen komplexen Kommunikationssystemen der Hühner zuwenden, soll schließlich noch der letzte wichtige Sinn erläutert werden: Wir alle kennen den Gesang des Hahns – auch wenn man ihn in frühen Morgenstunden nicht immer wertschätzend als solchen wahrnimmt – und das Gackern der Hennen. Der Sinn dieser Lautäußerungen, die zweifelsfrei auch über weite Distanzen ihre Empfänger erreichen sollen, liegt wie bei allen Vögeln in der Kommunikation mit Artgenossen[177], wie im Kapitel »Hackordnung und Freundschaft« später noch erläutert wird. Entsprechend ausgeprägt ist auch das Hörvermögen des Haushuhns. Die

Fokussierung der Forschung lag bis dato stets auf dem optischen Sinn, obwohl es naheliegt, dass auch die Hörorgane bei Hühnern gut ausgeprägt sein müssen. Positiv zu vermerken ist, dass man sich in letzter Zeit zunehmend Gedanken darüber macht, wie sich die Lärmbelastung in industriellen Haltungssystemen durch die schiere Anwesenheit von zigtausend Hühnern auf das Tierwohl auswirken könnte.[178]

Im Vergleich zum Menschen hören Hühner etwas schlechter, der wahrnehmbare Frequenzbereich ist sowohl bei hohen als auch bei tiefen Tönen geringer.[179] Wie Menschen sind auch Hühner je nach Alter unterschiedlich lärmempfindlich, wohingegen konsonante klassische Musik – nach einer entsprechenden Zeit der Eingewöhnung, in moderater Lautstärke und auch nur zu bestimmten Zeiten – auf Hühner generell eine gewisse beruhigende Wirkung zu haben scheint.[180] Aber auch hier sollte nicht übertrieben werden: Bei ständiger Beschallung mit Musik zeigen Hühner Stressreaktionen bereits ab einem Geräuschpegel von 75 Dezibel[181], was etwa der Lautstärke einer schleudernden Waschmaschine oder dem Stimmengewirr in einem lauten Lokal entspricht. Betont werden muss, dass bei Experimenten vorrangig menschengenerierte Geräusche verwendet wurden, während die Bedeutung natürlicher Umgebungsgeräusche bisher weitgehend unerforscht geblieben ist.[182]

Beachtlich ist, dass der Hahn selbst ein für die Tierwelt sehr lautes Geräusch produziert: Die Lautstärke des Krähens eines Haushahns wurde an seinem eigenen Ohr mit 143,8 dB gemessen – das entspricht etwa einem Düsenjet. Wie kann es sein, dass der Hahn bei seinem eigenen Geschrei nicht taub wird? Dieser Frage widmete sich ein Team der Universität Antwerpen. Die Forschenden fanden heraus, dass sich der Gehörgang bei Hähnen (aber nicht bei Hennen) gleichzeitig mit dem Öffnen des Schnabels verschließt und so die Sinneszellen im Innenohr schützt.[183] Hähne hören daher nicht nur ihre eigene Stimme gedämpft, sondern sind in diesem Moment auch taub für Umgebungsgeräusche. Nebenbei hat man sich auch die Frage gestellt, wie sich das Krähen des Hahns für Hühner anfühlt: Nach den Gesetzen der Akustik verringert sich der Schalldruck bei 50 cm Abstand bereits auf etwa 100 dB.[184] Das ist zwar immer noch sehr laut, doch nicht in gleichem Maße schädlich wie direkt vor dem Schnabel des Hahns. In geschlossenen Räumen könnte das dennoch Gehörschäden bei Tieren in unmittelbarer Umgebung verursachen: Diese können durch die Zerstörung der mikroskopisch kleinen Haarzellen in der Hörschnecke entstehen.

Man weiß aber auch, dass im Gegensatz zum menschlichen Hörorgan diese Haarzellen bei Vögeln (als einziger Tiergruppe!) regeneriert werden können; und zwar in der kurzen Zeitspanne von etwa zwei bis vier Tagen, wobei das normale Hörvermögen allerdings erst nach zwei bis drei Monaten wieder völlig hergestellt ist.[185] Die Komplexität der stimmlichen Kommunikation, welche im Abschnitt »Krähen und Walzern« behandelt wird, macht jedenfalls deutlich, dass sowohl die Produktion als auch die Rezeption der Hühnersprache sowie ihre kognitive Verarbeitung sehr viel weiter entwickelt sind als ursprünglich angenommen.

Die sensorische Welt der Hühner unterscheidet sich in vielerlei Hinsicht von der des Menschen und es sind dabei durchaus erstaunliche Fähigkeiten zu beachten. Christine J. Nicol, die wahrscheinlich bedeutendste Expertin auf dem Gebiet des Hühnerverhaltens dieser Tage, drückt es in ihrem Buch *The Behavioural Biology of Chickens* so aus: »Unser Vorstellungsvermögen ist gefragt, wenn wir verstehen wollen, wie sich die Sinneswelt eines Huhns anfühlt. Wir können es versuchen, indem wir uns vorstellen, wie es wäre, einen Schnabel zu haben, eine breitere Palette an Farben wahrzunehmen, UV-Licht zu sehen oder das Magnetfeld der Erde zu spüren. [...W]ir müssen anerkennen, dass unsere Vorstellungskraft auf unseren eigenen sinnlichen Erfahrungen gründet und dass wir nur darüber spekulieren und uns Gedanken dazu machen können, wie sich die Welt für andere anfühlt. Denn es gibt kein geeignetes wissenschaftliches Instrument, das uns die Qualität bewusster subjektiver Erfahrung eines anderen Wesens eröffnen und uns zeigen könnte, wie es ist, ein Huhn zu sein.«[186]

EIN GANZ NORMALER TAG IM LEBEN EINES RAPTORS

Morgenmuffel werden das Gefühl kennen: Der Wecker läutet (oder der Hahn kräht) und ruft zur Pflicht. »*Das* ist *nicht* meine Zeit!« Während man sich noch im Bett wälzt, ploppen im schlaftrunkenen Hirn schon die düsteren Gedanken auf, welche unüberwindbaren Hürden in der nächsten halben Stunde auf einen warten. Geschweige denn im Laufe dieses unendlich langen Tages. Noch schlimmer wird es dann im Winter, wenn die Uhrenumstellung uns völlig aus der mühsam erarbeiteten Routine wirft. Aufwachen in Finsternis, Heimkommen in Finsternis, und dann eigentlich doch erst Munterwerden, wenn alle anderen schon (scheinbar) friedlich schlafen. Nun, wir wissen alle, dass unsere Tage 24 Stunden, auch wenn sie uns oft kürzer erscheinen. Unser Alltag richtet sich aber schon lange nicht mehr nach den Sonnenstunden, sondern nach Uhren, die das Leben in unserer vielseitig vernetzten Gesellschaft takten. Dem Hahn ist das egal.

Er kräht. Mitten in der Nacht. Vor dem Sonnenaufgang, nochmals ganz viel während des Sonnenaufgangs. Ein weiterer Peak kommt dann, wenn die meisten Menschen in Mitteleuropa auf dem Weg zur Arbeit oder schon dort angekommen sind. Untertags ist das Muster für viele nicht nachvollziehbar, der Hahn scheint immer dann zu krähen, wenn man neben ihm steht und gerade ungestört telefonieren will. Oder aber, wenn man nicht fliehen kann und der betäubende

Gesang uns zwingt, uns die Ohren zuzuhalten. Das Krähen des Hahns passt vielen Leuten nie so richtig in den Tagesablauf. Früher war das anders. Die meisten Kirchtürme zierte noch keine Uhr, die zum Gebet ermahnte, eine eigene Uhr war ein unbezahlbarer Luxus, da kam der krähende Hahn gerade recht. Vorausgesetzt, er – wie es die Menschen von ihm, dem symbolischen Vermittler zwischen Tag und Nacht, erwarteten – meldete auch wirklich den Tagesanbruch und rief nicht, offenbar zeitlich verwirrt, den Mond an. Nicht nur anhand der angestrengten Gerichtsprozesse können wir festhalten: Der Tagesrhythmus der Hähne und der der Menschen haben sich inzwischen entkoppelt.

Die innere Uhr lässt den Hahn krähen

Das trifft nicht auf *alle* Menschen zu, denn es gibt zum Glück auch Morgenmenschen – unsere Spezies ist und war auch nicht so durchgehend tagaktiv wie unsere geflügelten Lieblingshaustiere: Bei uns gibt es individuelle Unterschiede, die für unsere Art evolutionär auch Sinn machen.[187] Der Hahn hat, so wie wir alle, eine innere Uhr, die ihm sagt, wann es Zeit ist, mit dem Krähen zu beginnen.[188] Bankivahähne beginnen täglich etwa 1,5 Stunden vor Sonnenaufgang zu krähen und enden etwa eine Stunde nach Tagesanbruch[189], wobei die Häufigkeit des Gesangs während der Balz besonders hoch ist. Unsere Haushähne sind da – genauso wie ihre wilden Vorfahren – recht verlässlich. Collias und Collias beschrieben 1967, dass die von ihnen belauschten Bankivahähne – besonders in der Brutzeit – etwa 40 bis 45 Minuten vor Sonnenaufgang noch auf dem Ast ihres Schlafbaums zu krähen begannen. Nach dem Sonnenaufgang folgte die nächste Spitze und am Abend kam es zu einem weiteren, aber viel weniger ausgeprägten Peak (vgl. Abbildung 5.1).[190] Japanische Forscher untersuchten die Auslöser für das morgendliche Krähen und fanden heraus, dass externe Faktoren wie Licht und das Krähen anderer Hähne in der Nacht keinen Effekt hatten und somit als mögliche Auslöser wegfielen. Nachtruhe ist Nachtruhe, davon lassen sich Hähne – im Normalfall – nicht abbringen, auch wenn nächtliches Krähen bei Haushähnen gelegentlich vorkommt. Da äußere Einflüsse kaum eine Rolle auf das pünktliche Vor-Sonnenaufgangs-Krähen haben, kann es nur die innere Uhr des Hahns sein, die den richtigen Zeitpunkt bestimmt. Bei Hähnen, die unter verschiedenen künstlichen Lichtverhältnissen, jedoch völlig abgeschirmt von der Sonne, gehalten wurden, variierte das morgendliche Krähen so gut wie gar nicht. Das Krähen untertags konnte durch die Variation von Faktoren wie dem Krähen anderer Hähne und Licht stark beeinflusst werden, doch an den regelmäßigen Tagesspitzen änderte sich trotzdem kaum etwas.[191]

Wie Abbildung 5.1 zu entnehmen ist, hört man im asiatischen Dschungel untertags kaum einen Hahn krähen, sondern erst wieder gegen Ende des Tages, kurz vor Sonnenuntergang, wenn die Hühnerscharen sich auf ihren sicheren Schlafästen zusammenfinden. In Kapitel »Hackordnung und Freundschaft« werden wir sehen, dass beim Haushuhn das Krähen die Funktion erfüllt, die Rangordnung zwischen Hähnen einer Gruppe zu manifestieren, während zwischen Bankivahähnen primär Territorialgrenzen abgesteckt werden. Wir wissen also, dass der Hühnertag mit der Dämmerung beginnt und endet – aber was passiert dazwischen?

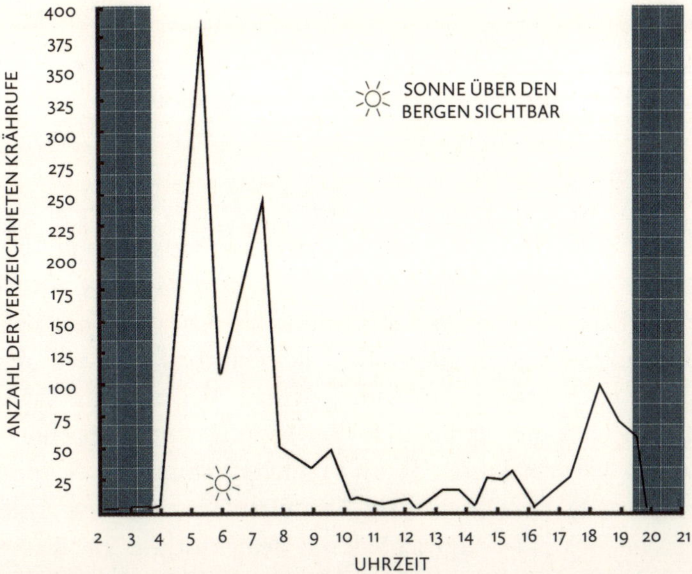

Abbildung 5. 1: Typische zeitliche Variationen in der Häufigkeit des Krähens des Bankivahuhns im indischen Siwalik-Nationalpark an fünf Maitagen im Jahr 1961. Alle Krährufe, die innerhalb der Hörweite eines Beobachtungsbungalows mit dem menschlichen Ohr wahrzunehmen waren, wurden aufgezeichnet. Die schattierten Randbereiche kennzeichnen Dunkelheit (mit Ausnahme menschlicher Beleuchtungseinflüsse).

Daily Routine

Haushühner haben einen getakteten Ablauf, der sehr viel mit dem Sonnenlicht und weniger mit dem Wetter zu tun hat. Bei Tagesanbruch erwachen Hühner meist mit dem Sonnenaufgang oder kurz davor. Bevor sie den Schlafplatz verlassen, putzen sie sich und – je nach Verfügbarkeit des Tageslichts – fliegen bzw. flattern sie dann hinunter, um ihr Tagewerk zu beginnen. Dies kann an dunklen, wolkenverhangenen Tagen später sein als an sonnigen und freundlichen. Der erste Weg führt sie meistens zum Wasser, dann zum Futter. Man kann zur frühen Stunde auch vermehrtes Paarungsgeschehen beobachten.

Die meisten Haushennen legen ihre Eier in der ersten Tageshälfte, doch gibt es davon auch durchaus Ausnahmen, die bis in den späteren Nachmittag hinein das Nest aufsuchen. Falls die Sonne scheint und es trocken ist, gönnt sich das Federvieh gerne ein Sand- und Sonnenbad, dem wir uns später noch genauer zuwenden werden. Je länger die Tage, desto eher kann man die Hühner beim Rasten beobachten. In der warmen Jahreszeit sind Hühner dadurch im Schnitt auch weniger wachsam. Am Abend trinken und fressen sie besonders viel – vergleichbar mit dem Morgen. Zu dieser Zeit häufen sich die Deckakte nochmals und erreichen den Tagesrekord. Abends sind Hennen auch am fruchtbarsten.[192] Wenn es dämmert, ziehen sich Hühner zurück auf ihren Schlafplatz, wo sie anschließend die Nacht verbringen.

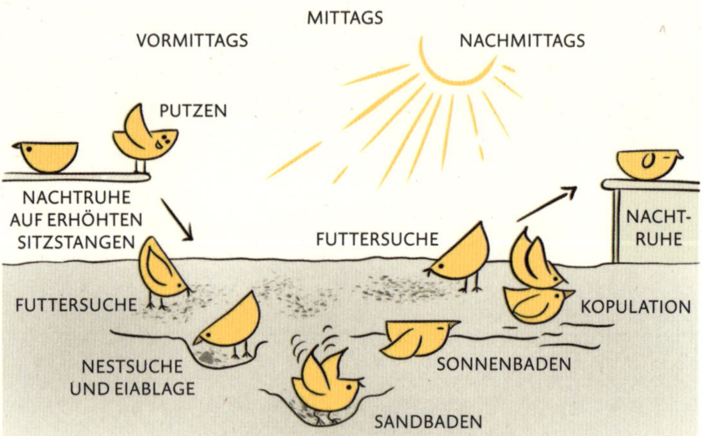

Abbildung 5.2: Zeitliche Verteilung der Aktivitäten eines Huhns im Tagesverlauf.

Die Verhaltensforscherin Marian Stamp Dawkins von der Oxford University studierte eine halbwilde Population von Bankivahühnern, die auf einer Fläche von 1,6 Hektar in einem englischen Zoo innerhalb eines Jahres von zwanzig auf sechzig Tiere angewachsen war. Ihre Beobachtungen konzentrierten sich auf die weiblichen Tiere. Abbildung 5.3 stellt alle Aktivitäten, die Dawkins in 202 Hennenstunden registriert hatte, in Prozenten dar, wobei einige der Verhaltensweisen gleichzeitig und in unterschiedlichen Kombinationen auftreten können: Manche schließen einander aus (etwa Scharren und Picken, Scharren und Schauen), so wie Sitzen und Stehen jegliche zielgerichtete Fortbewegung verunmöglichen. Sehr wohl kann sich ein Huhn aber im Sitzen oder Stehen das Gefieder pflegen oder gleichzeitig picken und gehen. Die Ergebnisse dieser Studie lassen sich nach alldem, was wir über das Verhaltensrepertoire von wilden und zahmen Hühnern wissen, auch auf Haushühner umlegen. Etwa 60 % der Zeit verbrachten die Hennen mit Gehen und Picken, ca. 35 % mit Schauen und Scharren, die Gefiederpflege machte rund 12 % aus. Verhältnismäßig wenig rasteten die Hühner untertags und noch seltener standen sie.

Der deutsche Agrarwissenschaftler D. W. Fölsch untersuchte 1981 das Verhalten von Legehennen in verschiedenen Haltungssystemen. Seine Beobachtungen in Freilandhaltung ähneln denen von Dawkins beim Bankivahuhn sehr, doch verwendet er mitunter andere Kategorien. Freilandhennen verbrachten demnach 35 % der Zeit mit Futter- und Wasseraufnahme und 25 % mit Bewegung.[193] Einzig die Zeit auf dem Legenest spielt naturgemäß bei Haushennen eine größere zeitliche Rolle und betrug in seiner Studie bei Freilandhennen knapp 4 %, während in Bodenhaltungsbetrieben bis zu 22 % der Zeit auf dem Nest verbracht wurde. Knapp 1 % der Zeit wurde im Freiland für soziale Interaktion (Kampf, Versöhnung) genutzt, in anderen Systemen waren es bis zu 3 %.[194]

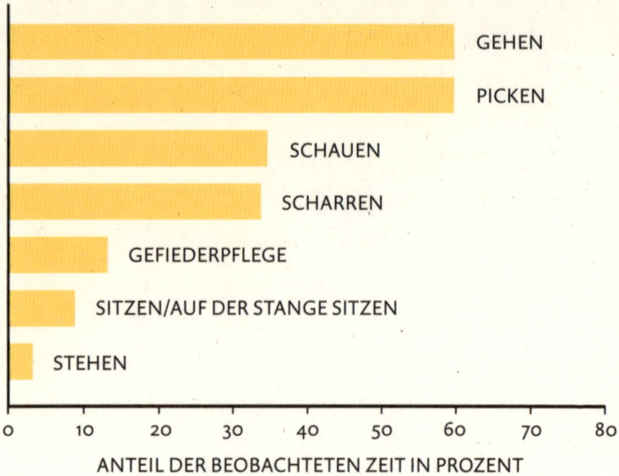

Abbildung 5.3: Tägliche Zeitbudgets bei weiblichen Bankivahühnern in einem englischen Zoo.

Suchen, Finden, Fressen

Es sind also Bewegung und Futtersuche, die den Hühnertag weitgehend bestimmen. Weltweit können nur die allerwenigsten Hühner diesem Trieb nachgehen, wie noch genauer im Kapitel »Das Zeitalter des Huhns« zu lesen sein wird. Vorab: Masthühner verbringen ihr kurzes Leben von durchschnittlich sechs Wochen zu einem Großteil auf dem Boden sitzend, da ihnen Bewegung Schmerzen bereitet. Auch schlafen Masthühner nicht auf Stangen, weil sie aufgrund ihrer unnatürlichen Proportionen (zu viel Brustfleisch) nicht fliegen können.[195] Die per se bewegungsfreudigeren Legehennen fristen ihr Dasein größtenteils in Käfigen, die nicht mehr Platz als ein A4-Blatt (450 cm²) bieten und das, obwohl eine durchschnittliche braune Legehenne bereits zum Stehen mehr Platz braucht.[196] Aktivitäten wie Putzen, Sich-Kratzen oder Strecken sind nicht möglich. Futter wird in der industriellen Haltung ausschließlich in Futterspendern bzw. auf Fließbändern angeboten.

Wenn ein Huhn allerdings genügend Platz hat, um seinen Lieblingshühnertätigkeiten nachzugehen, dann steht die Futtersuche und das Erforschen und Entdecken, beziehungsweise das Freilegen der obersten Bodenschicht an oberster Stelle. Hühner scharren nun mal gern. Dass dabei der Rasen sein ansehnliches Äußeres verliert, gehört leider dazu. Das lässt sich nur verhindern, wenn wenige Hühner auf viel Fläche gehalten werden. Dann wird man den Schaden zumindest nicht bemerken – oder im besten Falle wird er gar nicht erst entstehen. Denn solange Hühner nur das Gras bezupfen, macht das der Wiese noch nichts aus. Erst wenn durch beharrliches Scharren die Grasnarbe angegraben wird, dann steht es schlecht um das saftige Grün. Dabei kratzt das Huhn mit aufgerichtetem Kopf und starrem, nach vorne gerichtetem Blick mit den Füßen abwechselnd in der Erde. Man könnte sagen: Es wirkt manchmal so, als würden die Tiere in eine Art Scharr-Trance verfallen. Denn erst wenn die Graswurzeln durch die Gegend fliegen, kommt das zutage, was Hühner wirklich lieben: Erde. Feuchte Erde mit jeder Menge Würmern, Ameisen, Engerlingen, Käfern, Tausendfüßlern, ja auch Maden und anderem Larvengetier! Ein Festschmaus. (Besser ist nur der Komposthaufen, bei dem man nur mehr buddeln und nicht mehr scharren und rupfen muss.) Das Huhn kratzt also mit dem Fuß, wirft mit kräftigen Tritten und Krallenhieben die Erde umher, blickt dabei nach vorne, geht einen Schritt zurück und inspiziert, was es freigelegt hat. Wenn etwas Essbares zu sehen ist, wird es mit dem Schnabel aufgepickt. Wenn nicht, geht das Prozedere von vorne los: ein Schritt auf die bearbeitete Stelle – Kopf nach vor – Schritt zurück – Suchen – Picken. Das ist, was Hühner besonders gern tun. So gern, dass sie es auch dann tun, wenn es ganz offensichtlich nichts Essbares zu finden gibt.

Abbildung 5.4: Huhn beim Scharren.

Aus diesem Grund ist in vielen Ländern das Aufbringen von Einstreumaterial in der industriellen Hühnerhaltung gesetzlich vorgeschrieben. Dabei geht es nicht um Hygiene, sondern um Beschäftigung. Ein solches *Enrichment* steht in vielerlei Hinsicht ganz oben auf der Bedürfnisliste von Tieren in Gefangenschaft. Das, was dem Elefanten im Zoo der mit Stroh gefüllte Autoreifen und die im Baum versteckte Banane ist, ist dem Mast- und Legehuhn die Einstreu. Wenn es keinen (interessanten) Auslauf gibt, so reicht eine Schicht an Spelzen, Schnitzeln und Sägespänen manchmal schon aus, um die Tiere zumindest minimal zu beschäftigen.[197] Denn Hühner, die diesem angeborenen Verhalten nicht nachgehen können, picken eben woanders hin: zum Beispiel auf ihre Zellengenossinnen (in Käfighaltung) oder die nächste, die ihr vielleicht nicht zu Gesicht steht. Auch in Bodenhaltung ist die Wahrscheinlichkeit, im Umkreis eines halben Meters jemandem zu begegnen, sehr groß. Die erste Anlaufstelle für einen solchen Schnabelhieb aus Langeweile ist das Gefieder der anderen, im schlechteren Fall auf eine offene Wunde oder die Kloake einer Artgenossin. Das kann schließlich zu Körperverletzung bis hin zu Kannibalismus führen und ist in der Massentierhaltung ein echtes Problem.

Hühner verbringen also unter natürlichen Umständen den allergrößten Teil ihrer Wachzeit mit der Futtersuche. Aber was ist ihre Nahrung? Bisher wurde hier dem Futter der Hühner nur wenig Aufmerksamkeit geschenkt.

Unter natürlichen Bedingungen sind Hühner Allesfresser.[198] Sie ernähren sich von allem, was sie am Boden und auf niedrigen Pflanzen finden. Dabei fressen sie, wie eingangs beschrieben, unter anderem Samen, Insekten, Früchte, Bambussprossen und anderes Pflanzenmaterial, welches auch im natürlichen Habitat nicht selten freigescharrt werden muss.[199] Genauso kommt das Geflügel in Südostasien an die Kultursaaten heran, allen voran Reis, Mais und Hirse, aber auch Hackfrüchte wie Maniok, die allesamt viel stärkereicher sind als die anderen Nahrungsbestandteile, und daher – auch wenn vom Menschen ausgesät – gerne vom Huhn zutage gebracht werden.[200] Collias und Saichuae beobachteten in Indien einen Hahn, der einen Wildbüffel von den Fliegenmaden in einer offenen Wunde an der Hörnerbasis befreite.[201]

Küken fressen mehr tierische Nahrung als Erwachsene.[202] Eiweiß hilft dem kindlichen und jugendlichen Körper besonders beim Wachsen und Gedeihen. Eine spezielle Anpassung an die Umwelt in ihrem ursprünglichen Habitat ist die zeitliche Verknüpfung vom Schlupf der Bankiva-Küken und dem der Termitenlarven. Termiten und Ameisen scheinen für die kleinen Wildvögel die allerwichtigste Nahrungsquelle zu sein. Und auch unser Hausgeflügel, ob jung oder alt, ist regelrecht versessen auf Insekten und deren Larven. Nur selten kann man erleben, dass ein Huhn sich nicht nur einfach wohlfühlt, sondern *enthusiastisch* wird: etwa bei der

Jagd auf Fluginsekten. Blitzschnell können Hühner Fliegen fangen oder aber nehmen sich Großes vor, wie eine Libelle. Auch Eidechsen und Blindschleichen sowie junge Schlangen sind nicht gefeit vor den Angriffen der kleinen Raptoren. »Die Vögel [...] sind Überlebende des Dinosauriergeschlechts selbst«[203], schreibt Bernhard Kegel in seinem Buch *Ausgestorben, um zu bleiben.* Federn sind – wie man heute weiß – schon sehr viel älter als lange Zeit angenommen und dienten einst nicht primär dem Fliegen, sondern der Thermoregulation. Die Zähne wurden durch verhornte Schnäbel entbehrlich. Viele Raubsaurier jagten in der Gruppe. Es gibt Momente, in denen man den Hühnern ihre kreidezeitliche Abstammung besonders anmerkt: dann, wenn der Jäger im Huhn erwacht ...

Eine kuriose Geschichte gibt es zu Hühnern als Mäusefresser zu erzählen: Blumencron berichtet 1894 von einer Beobachtung eines französischen Lesers der »Revue des sciences naturelles«, der seinen Hühnern, die er auf Sommerfrische ans Meer mitnahm, zuerst tote (in Fallen gefangene) und später lebendige Mäuse als Zusatzfutter anbot, um die Kargheit des vorhandenen, sandigen Hofes auszugleichen: »Kaum der Falle entronnen, wurde die flüchtende Maus das Ziel der hinter ihr herjagenden Hühnermeute und keiner einzigen gelang es, ein schützendes Obdach zu erreichen. Nach mehrmaliger Wiederholung dieses Processes waren meine Hühner ferme Mäusejäger und ich beobachtete sie oft, wie sie hinter einem Holzstosse oder im Stalle bei einem Mäuseloche mit der Unbeweglichkeit und Geduld einer Katze auf ihre Beute lauerten. Wehe dem unvorsichtigen Nager! Mit einem kräftigen Schnabelhiebe kampfunfähig gemacht, wurde er von dem glücklichen Jäger fortgetragen und dann begann meistens von Seite der anderen Hühner eine gemeinsame Hetzjagd, die damit endete, dass der ausdauerndste und schnellste die Beute endlich glücklich im Kröpfe unterbrachte. Merkwürdigerweise war es nicht selten eine Ente, die trotz geringerer Beweglichkeit durch blitzschnelles Eingreifen den Kampf zu ihren Gunsten entschied.«[204]

Interessant fand auch Wood-Gush dieses *food-running*[205]: Was auf den ersten Blick paradox erscheint, wenn man bedenkt, dass auffälliges Davonlaufen mit einem riesigen Futterteil bestimmt potenzielle Konkurrenten der eigenen Art anlockt (so wie es auch Blumencron einst interpretiert hat), ergibt Sinn, wenn man beachtet, dass ein gemeinsames Zerteilen der Nahrung wesentlich einfacher und effizienter vonstattengeht oder aber den Verzehr überhaupt erst möglich macht.[206] Ist das Futterstück nämlich zu groß, das Beutetier zu sperrig, wird es durch Picken und Zerren von den Hühnern gierig zerrissen. Dieses grausige Schauspiel hinterlässt bei den Beobachtenden das unbehagliche Gefühl, dass aus Sicht der Opfer die Herrschaft der Raptoren alles andere als Vergangenheit ist.

Ist die Nahrung einmal verschluckt, landet sie am Ende des Schlunds im Kropf. Dieser dient als Speicher. Von dort wird die Nahrung in kleinen Portionen in den Muskelmagen weitertransportiert. Das saure Milieu darin zersetzt den Großteil der Futterstücke. Wie einst die großen Saurier nehmen Tiere in Freilandhaltung aber immer zusätzlich unverdauliche Teile wie kleine Steine und Sand auf, welche im Muskelmagen der Zerkleinerung größerer Nahrungsstücke dienen.[207] Beebe berichtet ebenfalls von Mahlsteinchen, die er in Bankivahühnern fand: In einem entdeckte er 17 Saphire, die dem Tier wohl auch zu diesem Zweck dienten.[208]

Abbildung 5.5: Glucke leitet ihre Küken zum Fressen an.

Frisch geschlüpfte Küken kopieren das Fressverhalten ihrer Glucke. Hühner sind Nestflüchter, weshalb die Küken am ersten oder zweiten Lebenstag bereits zum selbstständigen Fressen angeleitet werden. Wo die Glucke pickt, picken auch ihre Küken und lernen so, was essbar ist und was nicht.[209] In der industriellen Haltung, wo die Anleitung der Glucke fehlt, wird den Küken ihr Futter auf einer Unterlage angeboten, damit sie nur dieses Futter zur Verfügung haben und so lernen, dass diese Teile essbar sind. Wenn man Küken erfahrenere Artgenossinnen zur Seite stellt, kopieren sie deren Fressverhalten.[210] Doch gibt es auch Anteile an angeborenem Verhalten bei der Futterauswahl, die etwa Carlheinrich Engelmann 1940 bei seinen (mit Fokus auf die Wichtigkeit des optischen Sinns ausgeführten) Studien, die uns schon in Kapitel »Zwei Augen sehen mehr als zwei« begegnet sind, untersuchte. Dabei stellte der deutsche Agrarwissenschaftler fest, dass Hühner generell folgende Getreide – nach abnehmender Beliebtheit – bevorzugen[211]:

1. Weizen
2. Mais
3. Roggen und Gerste
4. Hafer

Bei Erbsen konnte keine generelle Abneigung oder Vorliebe festgestellt werden. Bei Getreideschrot lehnten Hühner auffällig bunte Schrote wie Mais und Erbsen ab. Waren alle Mahlprodukte gleich gefärbt, so richteten sich die Probandinnen nach der Konsistenz und verschmähten den Mais. Wenn den Küken aber aus anderen Mehlen geformte Körner angeboten wurden (z. B. »falsche« Weizenkörner, die aus gepresstem Roggenmehl hergestellt waren), stellte sich wieder die oben angeführte Hitparade ein, wobei sich die Tiere ganz offensichtlich wieder an der Form orientierten. Es scheinen also Form, Konsistenz und evtl. auch Farbe eine Rolle bei den Futterpräferenzen zu spielen, Geschmack jedoch wenig bis gar nicht.[212]

In der modernen Hühnerhaltung bekommen Hühner hauptsächlich energiereiches Körnerfutter: im Ganzen, gemahlen, geschrotet, gebrochen, gequetscht, pelletiert oder als Brei. Dazu wurde bereits vor 1950 eine erstaunliche Menge an Versuchen durchgeführt, wie der oben zitierte von Engelmann.[213] Sie läuteten die Ära der Fertigmischungen ein, die die Produktivität des Geflügels ankurbeln sollten. Dabei rückte allerdings auch die Möglichkeit der Futtersuche und -auswahl durch die Gefütterten selbst in den Hintergrund. Hühner, die früher hauptsächlich Küchenabfälle zu fressen bekamen, konnten nun mit allem versorgt werden, ohne sich mit dem Futter beschäftigen zu »müssen«.

Der Beginn der Alleinfutterpellets als große Mode spiegelt sich in folgender Werbeschaltung im *Hamburger Kleingärtner* aus dem Jahr 1951 wider, als Hühner für die Nachkriegsgeneration wieder interessant geworden waren: »Hat die Hausfrau frische Eier in ihrer Speisekammer, so kann sie sich immer helfen und die besten Speisen bereiten. Deshalb sollte sie auf ihre eigene Hühnerhaltung erst zuletzt verzichten. Aber einfach und unkompliziert muß die Hühnerhaltung sein. Bekanntlich besteht die Hauptarbeit in der Fütterung. Drei bis vier Mahlzeiten am Tage und dazu noch stets die Pünktlichkeit und Gewissenhaftigkeit ist allzu lästig. Die Erfahrungen der Wissenschaft und Praxis zeigen uns heute ein einfaches Verfahren, das dem vielbeschäftigten Hühnerhalter nicht genug empfohlen werden kann: Futter und Wasser zur ständigen und freien Verfügung ohne Einhaltung der Mahlzeiten! Dieses Verfahren entspricht dem Natur-Prinzip am nächsten. Es hat sich bestens bewährt und ist im Ausland seit langen Jahren eingeführt. Bei dieser vereinfachten Fütterungsmethode, bei der der Hühnerhalter aufatmen wird, muß aber von der bisherigen Futterzusammensetzung abgewichen werden, um den Erfolg nicht zu schmälern. Während bisher Legemehle, Weichfutter, Küchenabfälle und gekochte Kartoffeln sowie Getreidekörner gegeben wurden, werden nach der neuen Fütterungsmethode nur Preßkörner gefüttert. Diese Preßkörner enthalten die Bestandteile des Mehlfutters und der Getreidekörner zu einem Preßkorn vereinigt. Die moderne Futtermittelindustrie stellt diese Preßlinge heute mit Hilfe moderner Maschinen her und bringt sie als Alleinfutter für Hühner in den Handel.« Wir erfahren weiter, dass die Pellets Luzernengrünmehl, Getreidemehl, Milchpulver, Fischmehl, Kalk und Vitamine sowie Mineralstoffe enthalten und dass man ab sofort keinesfalls darauf verzichten sollte. Ein großer Schritt zum Hochleistungshuhn wurde mit diesen Futtermischungen getan.

Wie bereits oben erwähnt, bevorzugen Hühner frisches, kaltes, geschmackloses Wasser.[214] Küken erkennen Wasser nicht als solches, fühlen sich aber instinktiv zu spiegelnden Flächen hingezogen, wobei sie hierbei Plastik, gefärbtes Wasser und (sogar bevorzugt) Quecksilber probieren.[215] Wasser zu trinken, wird zwar von der Glucke »vorgelebt«, doch erlernen auch Küken aus dem Brutautomat das Trinken, weil sie auf die spiegelnde Fläche zugehen. Ist der Schnabel einmal nass, folgt der Trinkreflex.[216] Während die Hackordnung beim Fressen sofort zutage tritt, scheint Wasser – bei ausreichendem Platz- und Wasserangebot – keinerlei Konkurrenzverhalten hervorzurufen, weshalb Trinken in der Regel konfliktfrei vonstattengeht.[217]

Definitiv nicht stubenrein!

Auf dem Weg durch den Verdauungstrakt werden Nährstoffe, Wasser und Mineralstoffe aufgenommen. Die im Muskelmagen teilverdaute Nahrung wird weiter in den Dünndarm und dann in den großen Blinddarm transportiert, wo viele pflanzliche Bestandteile weiter zerlegt werden. Der Blinddarm resorbiert Flüssigkeit, bevor die unverdaulichen Teile ausgeschieden werden. Hühner haben wie alle Vögel eine Kloake: Hierdurch scheiden sie Kot und Harn zusammen durch die gleiche Körperöffnung aus. Auch das Ei verlässt den Körper über die Kloakenöffnung (dazu Genaueres in Kapitel »Unrund«). Hühner werden nicht stubenrein. Sie scheinen keinerlei Vorliebe oder Ordnung zu spüren, wann und wo sie koten. Auffällig ist, dass Hühner besonders nachts große Mengen an Exkrementen absetzen.[218] Hühner scheiden 115 % des Gewichts der aufgenommenen festen Nahrung als Exkremente aus, wobei diese zu 80 % aus Wasser bestehen. Ein mittelschweres Legehuhn scheidet so pro Jahr in etwa 80 bis 90 kg Kot aus.[219] In Bodenhaltungssystemen – sowohl in der Eier- als auch in der Masthuhnproduktion – sind die Ställe oft belastet mit Ausscheidungsprodukten, die wiederum zu hohem Ammoniakgehalt in der Luft führen. Versuche haben gezeigt, dass Hühner ammoniakbelastete

Luft meiden, sofern sie können. Das deutet darauf hin, dass sie derlei verschmutzte Luft als unangenehm empfinden.[220]

Aufwärts! Fliegen, Schlafen und Rasten

Die Nacht läuten Hühner mit dem Aufsuchen eines Schlafplatzes ein. Bei Bankivahühnern wird dazu immer ein Baum angeflogen. Wie bereits bekannt, sind Bankivahühner recht gute Flieger. Besonders bei der Flucht zeigen sie ihr ganzes Flugrepertoire, welches auch Gleitflugphasen beinhaltet. Auch Haushühner beherrschen noch den Flug, wenn auch unterschiedlich gut. Rasse- und Legehühner können meistens einige Meter hoch und weit fliegen, etwa, um einem Angriff zu entkommen.[221] Viele können auf Bäume oder erhöhte Sitzstangen fliegen, wobei der Flug meistens gerade nach oben zielt. Bei weniger Begabten werden die Flügel zumindest unterstützend eingesetzt. Wenn es Hühner sehr eilig haben – z. B. wenn leckere Insekten zu erwarten sind – laufen sie und benutzen die Flügel zusätzlich als Antrieb. Die meisten intensiv gehaltenen Legehybride können 50 bis 60 cm hoch springen, wobei das Hinaufspringen leichter fällt als das Hinunterspringen.[222]

Hühner sind gerne in Bewegung und verbringen weniger als ein Zehntel ihrer Wachzeit rastend. Sie sind im wahrsten Sinne des Wortes tag-aktiv. Ausnahmen stellen Masthühner dar, die sich ab einem Alter von fünf bis sechs Wochen nur noch ungern und selten bewegen, vermutlich, weil sie wegen des schnell zugelegten Gewichts bereits Schmerzen haben. Hühner treten die Nachtruhe meistens in der Dämmerung, im Sommer auch schon davor, an.[223] Bei ihren wilden Vorfahren ist das ganz genauso.[224] Ungestörte längere Ruhephasen, besonders nachts, sind wichtig für das Wohlergehen der Tiere.[225] Verlängert sich die Lichtphase jahreszeitbedingt, rasten die Hühner auch öfter und insgesamt länger untertags.[226] Rasten erfolgt entweder auf erhöhten Stangen/Ästen oder hockend auf dem Boden oder anderen erhöhten Strukturen.[227]

Durch den sogenannten Klammermechanismus am Fußskelett können sich Hühner – wie die meisten Vögel – mühelos auf Stangen halten, da der Fuß ohne Muskelkraft die Stange umklammert.[228] Untersuchungen ergaben, dass Hühner gern erhöht schlafen, jedoch das Bedürfnis zu klammern nicht der Auslöser dafür ist.[229] Vielmehr ist es der Trieb, einen erhöhten Schlafplatz aufzusuchen, um sich besser vor Fressfeinden zu schützen. Aus physiologischer Sicht weist der Schlaf von Vögeln ähnliche Muster wie bei Säugetieren auf, anders sind jedoch die sehr kurzen REM-Phasen.[230] Hühner besitzen außerdem die Fähigkeit zum Halbseitenschlaf, dem wechselseitigen Schlafen einer Gehirnhälfte (das gegenüberliegende Auge bleibt dabei geschlossen).[231] Er tritt besonders bei Küken nach intensiven Lernphasen auf, in denen eine Hirnhälfte besonders beansprucht wurde. Diese bekommt dann eine Extraportion Schlaf, während die andere wach und das gegenüberliegende Auge geöffnet bleibt.[232]

So wie unterschiedliche Menschen den Bauch-, Seiten- oder Rückenschlaf (mit hohen oder niedrigen, weichen oder harten Kopfkissen) bevorzugen, so gibt es bei den Hühnern solche, die gern auf Bäumen, Stangen oder Kisten schlafen, wobei erhöhte Schlafplätze normalerweise präferiert werden. Vereinzelt wird dazu aber auch der Boden genützt.[233] Manche Hühner stecken beim Schlafen (und Rasten) den Kopf unter einen Flügel. Ruhen und Schlafen erfolgt sowohl auf beiden Beinen als auch auf einem Bein stehend oder sitzend. Brütende Hennen halten sich – als Ausnahme – im Nest (ob in einer Kiste oder auf dem Boden) auf.

In der industriellen Haltung, die im Kapitel »Zeitalter des Huhns« noch genauer unter die Lupe genommen wird,

wird von einer erhöhten Sitzmöglichkeit für Masthühner abgeraten, da diese sich aufgrund ihres unnatürlichen Gewichts und ebensolch ungünstiger Proportionen schlecht auf Stangen halten können. Dennoch wird empfohlen, niedrigere Hindernisse und Stangen in Mastställen anzubringen, um Broiler zu mehr Bewegung zu motivieren.[234] Da diese einer unnatürlich langen Lichtzeit ausgesetzt sind, um den Appetit anzukurbeln, sind ihre Schlaf- und Ruhephasen relativ kurz. Rückzug ist nicht möglich, weshalb sich Masthühner am liebsten an die Wände drücken, um Ruhe zu haben.[235] Für Legehennenküken sollte ein verdunkelter, abgetrennter Bereich verfügbar sein, wo sie sich verstecken können, um von anderen, aktiven Küken getrennt zu sein.[236] Dies kann die Abwesenheit der Glucke ein wenig abfedern, die ihre Küken ansonsten regelmäßig zur Rast rufen würde. In der Legehennenhaltung sind Sitzstangen inzwischen Usus, die meisten Bodenhaltungsbetriebe haben mehrere Ebenen, sogenannte Volieren, wodurch sich allerdings auch die zugelassene Besatzdichte erhöht.[237]

UND TÄGLICH EIN SANDBAD …

Eines Tages läutete es an unserer Tür. Ein aufgebrachtes Ehepaar aus der Nachbarschaft stand vor dem Tor und teilte uns mit, dass in unserem Garten ein totes Huhn läge. Die anderen Hühner seien um das verendete Tier rundherum gestanden und hätten es angeschaut. Es war ihnen nicht klar gewesen, ob die anderen Hühner an dem Tod des Huhns beteiligt oder bloß interessiert waren, oder ob sie es schlichtweg betrauerten. Das Paar bekundete noch sein Beileid zu unserem Verlust, schilderte uns den ungefähren Ort in unserem doch sehr ausladenden Garten, wo es das Geschehen beobachtet hatte, und ging dann weiter seiner Wege.

Wir liefen eilig zum beschriebenen Platz und fanden dort zu unserer Verwunderung … gar nichts vor. Keine Federn, kein Blut und auch keine Leiche. Auch nach mehrmaligem Durchzählen unserer Hühnergruppe konnten wir – zum Glück! – keinerlei Verluste feststellen. Es bedurfte einiger Überlegungen, was die Passanten beobachtet haben konnten. Wir kamen endlich zu dem Schluss, dass es sich um ein ganz klassisches Missverständnis gehandelt haben musste. Denn an besagter Stelle im Garten befand sich eine sehr beliebte Mulde im trockenen, feinkörnigen Substrat, die unsere Hühner gerne für ihr Sand-

> bad benutzen. Ein solches ausgiebiges pflegendes Wälzen in lockerer Erde scheint eines der angenehmsten Dinge zu sein, die ein Huhn erleben kann … sozusagen das Highlight eines jeden Tages. Das Sandbad erfolgt nach einem recht vorhersehbaren Ritual, es scheint bei allen Hühnern mehr oder weniger gleich abzulaufen.[238] Wenn dann auch noch die Sonne in das Sandbad scheint, ist das Wellness-Erlebnis nicht mehr zu toppen. Hühner verharren dann in den bizarrsten Körperhaltungen, sogar auf dem Rücken liegend, mit ausgebreiteten, verdrehten Flügeln und geschlossenen Augen. Wenn es noch dazu sehr heiß ist, atmen sie durch den geöffneten Schnabel, um sich Kühlung zu verschaffen. Was für das ungeübte Auge wie die Folgen eines Lynchmordes aussehen kann, war – in dem hier geschilderten Fall – vermutlich nur das ungeduldige Warten, bis die dominante Henne (sozusagen die »Chefin«) mit ihrem Sandbad fertig war und das Feld räumte, damit das nächste Tier zum Zug kommen konnte.

Denn das Sandbad ist eine durch und durch soziale Angelegenheit, wie in Abbildung 6.1 belegt. Wenn es die Örtlichkeiten zulassen, baden oft einige Tiere gleichzeitig im Staub. Dazu werden nicht selten mehrere Mulden in unmittelbarer Nähe angelegt. Dass man sich beim ausgiebigen Scharren gegenseitig mit Erde bewirft, scheint wenig zu stören. Am Rand des Wellness-Events stehen oft einige Zuseherinnen und Zuseher, die anscheinend auch Wächterfunktionen übernehmen für ihre – in der Ekstase des feinkörnigen Abriebs äußerst exponierten – Artgenossen. Wenn Tiere ausführliche Körperpflege betreiben, zeugt das in der Regel davon, dass sie sich sicher und geborgen fühlen und der Stresslevel gering ist. Wer Pech hat, kann – die Gefahr vergessend – genau in diesem Moment der Entspannung allerdings leicht zum Opfer eines Angriffs durch einen hungrigen Räuber werden.

Dass Sand- und Sonnenbäder genauso wie Putzen gerne gemeinschaftlich erledigt werden, hat einen evolutionären Grund: Wenn während dieser Tätigkeiten Rangordnungskämpfe pausiert werden und sich die Tiere entspannen können, werden sie auch mehr Zeit dafür aufwenden und sich intensiver pflegen. Das hebt einen negativen Effekt des Zusammenlebens wieder auf: Wer mit anderen in einer Gruppe in engem physischen Kontakt zusammenlebt, hat auch mehr Ektoparasiten wie Milben, Federlinge und Flöhe.[239]

Abbildung 6.1: Das Sandbad ist eine hochsoziale Angelegenheit.

Nicht alle Sandbadstellen erfreuen sich gleicher Beliebtheit. Im Garten entdecken die Hühner recht schnell die geeignetsten Stellen. In ihrer Publikation mit dem vielsagenden Titel

Why in earth? aus 2005 beschreiben die schwedischen Forscherinnen Olsson und Keeling ihre Versuchsreihe, mit der sie ergründeten, wie ein – aus Hühnersicht – perfekter Badeplatz beschaffen sein sollte. Dabei stellte sich heraus, dass Hühner im Durchschnitt alle zwei Tage und für etwa 20 Minuten ein Sandbad nehmen, wobei sie feinkörnige Substrate wie Sand und Torf bevorzugen. Hühnern ist ihr Sandbad so wichtig, dass sie – wenn man ihnen die Wahl lässt – dafür sogar auf die Gesellschaft von Artgenossinnen verzichten.[240] Dieses Körperpflegeritual scheint fest im Repertoire der Tiere verankert zu sein: Denn auch solche, die ohne Sandbad aufgewachsen sind, zeigen ähnliche Vorlieben und wissen, wie beim Sandbaden zu verfahren ist.[241] Sandbäder werden im Freiland dann am meisten beobachtet, wenn es hell und warm ist. Sodann wird das Sandbad gern mit einem Sonnenbad kombiniert.[242]

Sand- und Sonnenbaden zählt man zum sogenannten Komfortverhalten, ebenso wie Flügelschlagen, Kratzen, Putzen, Strecken, Schnabelwischen und Schwanzwackeln.[243] Sowohl Hühner als auch Hähne schütteln sich außerdem gelegentlich. Hennen tun dies immer nach der Paarung und meistens, nachdem sie von einem Menschen hochgehoben wurden. Beim Schütteln der Hähne dürfte es sich nicht um Balz- oder Imponierverhalten handeln[244], genauso wie das damit einhergehende Sträuben des Gefieders.[245] All diese Verhaltenselemente sind für ein erfülltes Hühnerleben zwar unverzichtbar, aber dennoch nicht an der *Basis* der Bedürfnispyramide angesiedelt und unter Stress normalerweise nicht zu beobachten. Gefiederpflege in kurzen Intervallen kann zwar ein Zeichen von Aufregung sein, doch zeigen die Tiere Komfortverhalten in der Regel dann, wenn sie sich sicher und wohl fühlen.[246]

Körperpflege setzt eine gewisse Umgebung voraus, in der das Platzangebot und auch andere Elemente (Sonnenlicht, Sand) vorhanden sind. Diese fehlen in Käfighaltung gänzlich und sind in anderen industriellen Haltungssystemen meistens sehr limitiert. Daher können bestimmte Verhaltensweisen in der industriellen Haltung oft gar nicht beobachtet werden: Es fehlt schlichtweg die Möglichkeit, sie auszuführen.[247] Punktuell einfallendes Sonnenlicht führt in großen Bodenhaltungsställen regelmäßig zu Anhäufungen, da viele Tiere auf einmal zum Lichtreiz hinlaufen. Nicht selten werden dabei Tiere in der Menge erdrückt.[248] Auch der Trieb des Sandbadens lässt sich nicht ausschalten: Ist kein Substrat vorhanden, kommt es zu Scheinsandbaden, auch auf Gitterkäfigböden.[249] Das ist ein Beweis dafür, dass die innere Motivation, das Verhalten zu zeigen, jedenfalls gegeben ist, denn diese Tätigkeit ist nicht nur ein wichtiger Faktor für das Tierwohl, sondern auch für die Tiergesundheit auf physiologischer Ebene. Sandbaden geht mit einer Reduktion von Federfetten einher, von denen sich einige Lästlinge ernähren, entfernt diese mechanisch und erhöht die Isolationsfähigkeit des Gefieders. Milben und Läuse werden durch regelmäßiges Baden im Staub um 80 bis 100 % verringert.[250]

Es lohnt sich, an dieser Stelle einen genaueren Blick auf das Gefieder zu werfen. Wie bei vielen Vögeln ist das Federkleid der männlichen Tiere prächtiger und bunter gefärbt als das der Weibchen. Selbst bei Rassen und Farbschlägen, die weniger farbenfroh sind (z. B. Lakenfelder, Vorwerk, Wyandotten), tragen die Hähne jedenfalls Schmuckfedern an Hals und Schwanz, die meistens auch ein wenig schimmern.[251] Man unterscheidet grundsätzlich vier Arten von Federn: Konturfedern (zu denen auch die Schmuckfedern zählen), Daunenfedern, Halbdunen und Haarfedern.[252] Die Hauptfunktion der Konturfedern ist – neben der (hier geringen) Flugfähigkeit – die Formgebung, die anderen Federtypen isolieren gegen Kälte und Wärme. Am Schaft der Federn befinden sich Sinneszellen, die das Gehirn mit Informationen über deren Position versorgen.

Abbildung 6.2: Mauser: Diese weiße Legehybridhenne mausert sehr schnell. Das bedeutet, dass sie für einige Tage beinahe kahl ist. Nach drei Wochen ist das Gefieder vollständig erneuert. Auf diesem Bild erkennt man bereits die neuen Federkiele am Hals.

Während der Mauser wird das Federkleid gewechselt. Sie wird ursprünglich durch externe Faktoren (Tageslicht, eingeschränkte Nahrungsaufnahme) und hormonelle Faktoren ausgelöst und erfolgt normalerweise einmal pro Jahr. Bei der Bankivahenne geht sie mit der Ablage und Bebrütung der Eier einher: In dieser Zeit verlieren die Tiere stark an Gewicht, der Organismus regeneriert, das Immunsystem erstarkt.[253] Auch Haushühner mausern einmal im Jahr. Bei ihnen erstreckt sich der Federnwechsel über einen Zeitraum von 12 bis 18 Wochen[254] und findet meistens im Spätsommer/Herbst statt. Auch bei Tieren, die nicht im Frühling geschlüpft sind, gleicht sich der Zeitpunkt der Mauser in späteren Lebensjahren diesem natürlichen Zeitpunkt an. Manche

Haushühner verlieren alle Federn auf einmal, besonders solche, die sehr viele Eier legen[255], wie das Huhn in Abbildung 6.2. Alle Hennen reduzieren die Eiproduktion während dieser Zeit, stellen sie sogar für mindestens drei Wochen ganz ein.[256]

Nach jeder Mauser verändert sich die Qualität der Eier, wobei diese in der Regel an Größe zunehmen, die Eischale hingegen dünner wird.[257] Dieser Zusammenhang führt dazu, dass Legehennen in der industriellen Haltung üblicherweise die erste Mauser nicht überleben, da sie aus ökonomischen Gründen am Ende der ersten Legeperiode (im Alter von ca. 18 Monaten) »ausgestallt«, also getötet werden. Man überlegt daher ein künstliches Herbeiführen der Mauser durch Lichtregulation, um damit ganze Gruppen von Hühnern gleichzeitig in die Mauser zu bringen. Damit erhofft man sich die Ausfälle in der Eiproduktion zu kontrollieren und so für die Landwirte die Nutzung der Legehennen um 6 bis 8 Monate zu verlängern.[258] Die Legeleistung kann dadurch auf bis zu 500 Eier »pro Hennenleben« erhöht werden. Tierethisch ist dies dennoch bedenklich, da die (Zwangs-)Mauser erst als Stressreaktion auf dreiwöchigen Futter- und Lichtentzug eintritt: Auch wenn die Lebenszeit dadurch verlängert wird und insgesamt weniger Individuen aus ökonomischen Gründen getötet werden, ist doch für die Tiere nichts gewonnen.[259]

In freier Natur bedarf es eines gepflegten Gefieders, um die Flugfähigkeit und Thermoregulation zu gewährleisten, weshalb Wildvögel in der Regel ihr Federkleid besonders gut in Schuss halten.[260] Auch unsere Haushühner widmen – unter naturnahen Bedingungen – immerhin 10 % ihres Tages der Körperpflege, die auch das Putzen mithilfe des Schnabels einschließt.[261] Küken beginnen damit am ersten Lebenstag.[262] Gefiederpflege tritt über den Tag verteilt dann – und nur dann – auf, wenn gerade Ruhe herrscht. Es gibt einige zusätzliche bekannte Auslöser: zerzaustes

Gefieder, Regen oder Hautparasiten.[263] Die Federn werden feinsäuberlich mit der Schnabelspitze untersucht, lose ausgerupft und gesplissene wieder in Reih und Glied gebracht. Wer schon einmal versucht hat, eine aufgetrennte Feder in ihren ursprünglichen Zustand zurückzubringen, kann sich vorstellen, wie sensibel der Schnabel der Tiere sein muss, um diese Aufgabe täglich zu meistern.

Als Beobachterin fällt einem sofort auf, dass meistens alle Hühner der Gruppe ihre Federn pflegen, wenn ein Huhn damit begonnen hat. Am liebsten wird das Putzen also gemeinschaftlich durchgeführt, wobei sich Hühner strikt auf den eigenen Körper beschränken. Beziehungsstärkendes *Grooming,* also die gegenseitige Körperpflege, die wir von uns Säugetieren oder anderen Vögeln kennen, gibt es nicht, außer man erspäht eine Bereicherung des Speiseplans durch ein frei zugängliches Krabbeltier auf einer Artgenossin.[264] Oft tritt beim Putzen auch eine gewisse Schläfrigkeit ein, bei der dann viele Hühner nach der Körperpflege in den Ruhemodus verfallen. Wenn viel Zeit mit Gefiederpflege verbracht wird, ist das ein Zeichen, dass alles »gut ist«.[265] Nur eine sehr hohe Putzfrequenz kann wiederum auf einen extremen Stresslevel hindeuten.[266]

Das äußere Gefieder ist wasserabweisend und wird mit dem Sekret der Bürzeldrüse nachgefettet, wobei die Tiere das Öl mit dem Schnabel über den Körper verteilen und anschließend mit Nacken und Kopf über die eingefetteten Stellen streichen.[267] Einen Blick auf dieses geheimnisvolle Organ kann man manchmal erhaschen, wenn sich nasse Vögel »trockenputzen« und dabei besonders das Bürzelfett erneuern müssen: ein Unterfangen, das für Außenstehende etwas mühsam erscheint, da die Bürzeldrüse bei allen Vögeln am mittleren hinteren Rücken, eben oberhalb des Bürzels, liegt und nur unter unbequem anmutenden Verrenkungen zu erreichen ist. Doch die Evolution scheint diese Position am Körper vorangetrieben zu haben.

Federpicken

Wie bereits angedeutet, stellt das Federpicken ein großes Problem in der industriellen Haltung dar. Eine mögliche Vorstufe ist das *sanfte Picken*, das vor allem auf das Gefieder, manchmal auch auf Kopf und Beine der Artgenossinnen gerichtet ist und bei Küken zum normalen Sozialisationsverhalten gehört. [268] Erwachsene Tiere tun dies meistens, um aus dem Gefieder einer anderen Henne essbare Partikel zu zupfen.[269] Auch während des Sandbadens zielt Picken häufig auf die dort herausgelösten Ektoparasiten ab.[270] Es wurde beobachtet, dass Hühner anderen Artgenossinnen einzelne Federn ausrupfen, die aus dem Gefieder herausragen oder beschädigt sind, doch ist dieses Verhalten nicht unbedingt als gegenseitige Körperpflege zu interpretieren.[271] Sofern es bei sanftem Picken bleibt, geht davon auch keine größere Gefahr aus und wird von den Zielsubjekten meistens ignoriert.[272]

Bedrohlich hingegen ist das *Federpicken*. Dabei fügen Hennen einander mitunter schlimme Verletzungen zu, indem sie sich gegenseitig Federn ausreißen, um diese zu fressen, wodurch wiederum kahle Stellen auf der Haut der Berupften entstehen. Das kann Hühner zum *Gewebepicken* einladen, das eine erste Stufe des Kannibalismus darstellt.[273] Besonders schwere Formen davon treten hauptsächlich in Käfighaltung auf, leichtere stellen aber auch in käfigfreien Systemen ein großes Problem dar, weil sie dort noch schlechter in den Griff zu bekommen sind. Primäre Ursache für Federpicken scheint das Fehlen von Beschäftigungsmaterial, besonders aber von attraktiver Einstreu zu sein, weshalb sich das Picken in Folge gegen die Artgenossinnen richtet.[274] Es handelt sich um ein Verhalten, mit dem das Individuum chronische Unterbeschäftigung, die ihm eine reizarme Umgebung beschert, auszugleichen sucht[275], und nicht unbedingt um innerartliche Aggression, die auf die Schädigung des Gegenübers abzielt. Aggressives Picken im Sinne der Hackordnung, wie in Kapitel »Hackordnung und Freundschaft« genauer erklärt, ist meistens auf die Kopfregion beschränkt.[276]

Besonders gesundheitsgefährdend ist auch das Picken gegen die Kloakenöffnung, das ebenso verheerend für die betroffene Henne sein kann. Da sich Hühner von Blut angezogen fühlen, kann eine offene Wunde andere Hennen motivieren, in das Picken einzustimmen. Das kann in kurzer Zeit zu kannibalistischem Verhalten, zum Herausreißen von innerem Gewebe, Organen und zum Tod des betroffenen Huhns führen.[277]

Die noch in vielen Ländern gängigste Methode, in der industriellen Haltung auf Federpicken zu reagieren, ist das Trimmen des Schnabels, das bereits angesprochen wurde. Die Wissenschaft fordert, dass die Gesetzgebung mit Regelungen für eine generelle Umstellung der Stallformen und der Haltungssysteme sowie mit der Förderung anderer Maßnahmen, die das Tierwohl der Vögel verbessern können, reglementierend in die Tierhaltung eingreift.[278] Die University of Bristol hat etwa für England einen Management-Plan mit vierzig Punkten erarbeitet, die das Federpicken nachweislich reduzieren und sogar weitgehend Abhilfe schaffen könnten[279], doch ist die Umsetzung mit (geringen) Kosten für die Landwirtinnen und Landwirte und in weiterer Folge für die Konsumentinnen und Konsumenten verbunden. Eine Gruppe englischer Forschender hat in einer detaillierten Untersuchung erhoben, dass Käuferinnen und Käufer bereit sind, diese Kosten zu tragen, sofern sie über Probleme und Gegenmaßnahmen in der Legehennenhaltung ausreichend informiert sind[280] – ein Bereich, bei dem es noch einiges aufzuholen gibt.

DUMMES HUHN UND KLUGER MENSCH?

Vom Fuchs und Hahn

Ein hungriger Fuchs kam einstmals in ein Dorf und fand einen Hahn; zu dem sprach er also: »O mein Herr Hahn, welche schöne Stimme hat dein Herr Vater gehabt! Ich bin darum zu dir hierher gekommen, daß ich deine Stimme hören möchte. Darum bitt ich dich, daß du mir singst mit lauter Stimme, damit ich hören möge, ob du eine schönere Stimme habest oder dein Vater.« Da erschwang der Hahn sein Gefieder, und mit geschlossenen Augen fing er an, auf das lauteste zu krähen. Indem sprang der Fuchs auf und fing ihn und trug ihn in den Wald. Als das die Bauern gewahr wurden, liefen sie dem Fuchs nach und schrien: »Der Fuchs trägt unsern Hahn fort!« Als der Hahn das hörte, sprach er zu dem Fuchs: »Hörst du, Herr Fuchs, was die groben Bauern sagen? Sprich du zu ihnen: ›Ich trage meinen Hahn und nicht den euern‹.« Da ließ der Fuchs den Hahn aus dem Maule und sprach: »Ich trage meinen Hahn und nicht den euern.« Indem flog der Hahn auf einen Baum und sprach: »Du lügst, Herr Fuchs, du lügst, ich bin des Bauern, nicht dein.« Da schlug der Fuchs sich selbst mit den Händen aufs Maul und sprach: »O du böses Maul, wieviel schwätzest du? Wieviel redest du Unnützes? Hättest du jetzt nicht geredet, so hättest du deinen Raub nicht verloren.«[281]

FABEL VON ÄSOP

Ein Hahn, der seinen größten und gefährlichsten Feind überlistet, ist ein seltenes und daher umso reizvolleres Sujet, wenn es um die Intelligenz unserer gefiederten Haustiere geht. Sobald wir Tieren in Geschichten eine Sprache geben, die wir verstehen, oder aber einen Namen, mit dem wir sie ansprechen können, bauen wir eine Beziehung zu ihnen auf.[282] Unser Mitgefühl sucht in unseren Mitgeschöpfen zuerst nach Ähnlichkeiten.[283] Deshalb können sich andere Säugetiere wie Schimpansen, Schafe oder Schweine der menschlichen Empathie sicherer sein als etwa Insekten, Fische oder Vögel.[284] Tiere, deren Mimik wir erkennen und deuten können, liegen automatisch weiter vorn im Rennen.[285] Hühner haben hier einen klaren Nachteil, denn einerseits sind sie in ihrer Physiognomie mit schuppigen Füßen und befiederten Flügeln doch gänzlich anders als wir. Sie erinnern eher an Raptoren (die sie ja auch sind!)[286] und nicht an Kuscheltiere. Außerdem können wir die Gesichter und Körpersprache von Vögeln wesentlich schlechter lesen als die von Säugetieren. Welche persönlichen Erfahrungen wir mit solchen Tieren gemacht haben, spielt ebenfalls eine Rolle in unseren Einstellungen zur jeweiligen Art.[287] Schließlich ist die schiere Zahl, in der Hühner auf der Welt vertreten sind, derartig überwältigend, dass sie den Blick aufs Individuum verstellt.[288] Aber kann oder will man sich überhaupt vorstellen, dass es zig Milliarden denkende und fühlende Wesen sind, die großteils noch in unzumutbaren Verhältnissen ihr Dasein fristen, bevor sie – im Falle von Masthühnern im Kindesalter, in jedem Falle aber viel früher als es ihrer Art bestimmt wäre – für uns ihr Leben lassen müssen?[289] Können Hühner überhaupt denken und fühlen? Und falls ja, was und wie denken und fühlen sie? Sind sie schlau? Trauern sie, können sie sich in andere hineinversetzen, knüpfen sie Freundschaften, können sie sich freuen?

Intelligenz, Kognition, Lernfähigkeit

Es bedarf zuerst einer Begriffsklärung, um die eng verknüpften Termini Intelligenz, Lernen und Kognition voneinander abzugrenzen. *Lernen* kann definiert werden als das *Speichern von Informationen im Gedächtnis.* Die Informationen aus der Umwelt werden dazu individuell und selektiv abgespeichert und müssen zusätzlich abrufbar sein. *Lernfähigkeit* zeigt sich in mehr oder weniger lange anhaltendem, verändertem Verhalten – abhängig von früheren Erfahrungen.[290] In Bezug auf Tiere wird der Begriff *Intelligenz* lieber gemieden, da er zu stark mit *menschlicher* Intelligenz verbunden wird. Man verwendet in zoologischen Kreisen lieber den Begriff der *tierischen Kognition.* In diesen Begriff fließen neben Lernen auch Gedächtnis, Wahrnehmung und Entscheidungsverhalten ein. Man unterscheidet höhere und niedrige kognitive Fähigkeiten. Einsicht, Nachdenken und Planen rangieren am oberen Ende der Skala, während Aufmerksamkeit und Motivation eher den Basisfähigkeiten zugeordnet werden. Auch bei uns Menschen ist die Wissenschaft uneins, ob Intelligenz in einzelne Bereiche aufgeteilt oder als »Universalintelligenz« zusammengefasst werden soll. Im Grunde genommen beschreiben beide Begriffe – Intelligenz und Kognition – jedoch das Gleiche, nämlich die Fähigkeit, Lernen zu lernen oder aber, bereits Erlerntes in einem neuen Kontext anzuwenden und auf die Lösung eines neuen »Problems« umzulegen.[291]

Unsere Hühner können sich im ganzen Garten frei bewegen. Wir teilen fast den gesamten Außenbereich miteinander. Vor dem Haus parkt oft ein Auto. Wenn wir kleinere Küchenreste haben, dann bringen wir sie nur vor die Tür, und die Hühner können sich dann dort, gleich in der Einfahrt, daran erfreuen. Nun passierte es immer wieder, dass ein paar Hühner herbeiliefen, wenn jemand von uns aus der Tür trat. Sie schauten erwartungsvoll, ob es denn etwas zu fressen gäbe. Mitunter blieben sie nun einfach stehen, selbst wenn jemand von uns Menschen in das Auto stieg und wegfahren wollte. Hühner sind – wie wir sehen werden – ja nicht dumm. Und ich habe auch noch nie gesehen, dass ein Huhn sich von einem langsam dahinrollenden Auto überfahren ließe. Doch konnte die Zudringlichkeit der Hühner schon auch etwas zeitverzögernd wirken, und so kam es, dass ein Familienmitglied die Hühner zu sich rief und mit Mehlwürmern belohnte, wenn ein anderes mit dem Auto wegfahren wollte. Seit diesem Tag spielen die Hühner ein erpresserisches Spiel mit uns: Sobald eines bemerkt, dass die Autotür geöffnet wird, läuft es hin. Alle, die das mitbekommen, laufen ebenfalls zum Auto. Schließlich steht die ganze Hühnerschar dicht ums Auto herum … Und dort stehen sie, wie angewurzelt. Bis sie ihre Mehlwürmer bekommen. Man kann nun sagen: Das ist klassische Konditionierung und keine besonders intelligente Leistung. Das mag sein, doch haben die Hühner als Gruppe das bekommen, was sie wollten, nämlich Mehlwürmer, immer dann, wenn das Auto schnell gestartet und weggefahren werden muss. Wer als Huhn neu dazukommt und klug genug ist, der läuft nach wenigen Tagen mit. Der **worm run** hat inzwischen Tradition. Und wird fortan weitergegeben …

Ein kleiner Triumph blieb uns Menschen aber trotzdem. Die Hühner akzeptierten nämlich ohne große Umschweife, dass das Auto, wenn es im unteren Teil der Einfahrt geparkt war, ungehindert wegfuhr. Bis eines Tages der Mob angelaufen kam, das Auto umzingelte und sich anschickte, hier ebenfalls Mehlwürmer als Wegzoll zu erpressen. Diesmal aber setzten wir uns durch. Zögerlich, aber schließlich doch, bahnte sich das Auto einen Weg durch die Hühnerschar, die schließlich langsam zur Seite wich. Wir mussten das mehrere Male tun, bis sie schließlich aufgaben. Die Parteien in diesem Hühner-Menschen-Nervenkrieg hatten sich schließlich auf einen Kompromiss geeinigt.

Besonders stolz bin ich nicht auf diese Geschichte, weil wir uns schließlich kleinkriegen ließen und nun immer einen passablen Mehlwurmvorrat daheim haben müssen, um ungestört mit dem Auto wegfahren zu können. Umso mehr amüsierte es mich, eine ganz ähnliche Geschichte bei der bekannten Naturautorin Sy Montgomery in ihrem Buch **Birdology**[292] zu lesen. Die Dunkelziffer der Menschen, die von ihrem Geflügel erpresst werden, ist unbekannt, könnte aber hoch sein.

Click!

Spätestens, seit Hühner als Übungspartner für Hundetrainerinnen und -halter beim Clicker-Training Furore machen, wird einem breiteren Publikum die Lernfähigkeit dieser Tiere bewusst.[293] Die US-amerikanische Tiertrainerin Terry Ryan erzählte in einem Interview mit der australischen Animal Training Academy[294] die Geschichte ihres Erfolgs: Sie setzte Hühner erstmals in den 1970er-Jahren in ihren Hundetrainingskursen ein und hatte damit großen Erfolg, der bis heute anhält.[295] Dabei ging es ihr nicht darum, die Intelligenz von Hühnern unter Beweis zu stellen, sondern die Mechanismen operanter Konditionierung und die Effizienz positiver Verstärkung plakativ an ihre Schülerinnen zu vermitteln.[296] Schon bald reiste Ryan mit ihrem Kursangebot um die Welt. Dafür war sie auf der Suche nach Tieren, die schnell lernten, klein genug, nicht besonders scheu und überall in großer Zahl erhältlich waren. Das Prinzip des Clicker-Trainings ist schnell erklärt: Zeigt ein Tier das erwünschte Verhalten, wird geclickt und gleich darauf mit Futter belohnt, wie auf Abbildung 7.1 und 7.2 zu sehen ist. »Das Huhn glaubt, es trainiert den Menschen, ihm Futter zu geben; der Mensch glaubt, er trainiert das Huhn, das gewünschte Verhalten zu zeigen. Es ist eine Win-Win-Situation, die die Mensch-Tier-Beziehung fördern würde, wenn man sie bei allen Spezies einsetzen könnte.«[297] Der Clicker erzeugt ein Geräusch, das im Alltag kaum vorkommt, weshalb Fehlkonditionierung so gut wie ausgeschlossen ist. Es dient als Signal, dass das Individuum »richtig« gehandelt hat und dafür gleich eine Belohnung erhält.

Abbildung 7.1 und 7.2: Huhn beim Clicker-Training. Das Ziel ist, auf den roten Punkt zu picken. Der Clicker ist mit dem Griff des Futtersiebs verbunden.

Chicken-Clicker-Kurse schießen wie Pilze aus dem Boden und werden inzwischen auch gerne von Menschen besucht, die keinen Hund zu Hause haben, sondern solchen, die ihren Hühnern später diverse Kunststücke beibringen wollen. Denn es dauert nur wenige Trainingsminuten – aufgeteilt auf mehrere kurze Einheiten –, um einem Huhn einen Hindernisparcours, das Auswählen bestimmter Farben oder Formen oder das Spielen auf einem Kinderklavier beizubringen.

Vor etwa hundert Jahren benannte der deutsche Nervenarzt und Hirnforscher Ludwig Edinger die Teile der Wirbeltiergehirne nach deren evolutiver Entstehung, wobei der *Neocortex* – der bei uns Menschen beinahe absurd groß geraten ist – als jüngste und somit am weitesten entwickelte Struktur galt. Die Intelligenz von Vögeln wurde in der Biologie lange Zeit nur am prozentuellen Anteil dieser Großhirnrinde bzw. des Großhirns an der Gesamtheit des Gehirns gemessen.[298] Denn – so die Lehrmeinung über viele Jahrzehnte – je älter, desto primitiver müssten auch die kognitiven Fähigkeiten einer bestimmten Tierart sein. Die Verhaltensforschung stellte diesen Zugang mehr und mehr infrage, weil Vögel dabei beobachtet wurden, wie sie erstaunliche Aufgaben meisterten. Die »Stars« unter den Problemlösern waren hier besonders die Rabenvögel und Papageien, denen daher wohl auch besonders viel Aufmerksamkeit von der Wissenschaft geschenkt wurde.[299] Erst spät zeigte sich, dass man auch andere Spezies wie Kraken und Fische völlig unterschätzt hatte.[300]

Auch Hühner und ihre Verwandten wurden aufgrund ihrer kreidezeitlichen Abstammung von den Raptoren als primitiv eingestuft, doch sprechen ihre hochentwickelte Kommunikation und evidenten kognitiven Fähigkeiten gegen die Annahme, dass sie zu den »einfach gestrickten« Spezies zählen würden.[301] Inzwischen ist klar, dass die Gehirnfunktion der Vögel denen der Säugetiere wesentlich ähnlicher ist als ursprünglich angenommen, weil andere Strukturen, besonders das *Pallium* im Vorderhirn, die Aufgabe des *Neocortex* übernehmen.[302]

Wie wir unsere Mitgeschöpfe wahrnehmen, hat einen direkten Einfluss auf deren Leben und Leiden: Die einst von

Edinger aufgestellten Theorien führten indirekt dazu, dass wir als Gesellschaft Tieren, die wir als primitiv einschätzen, auch Intelligenz und Empfindsamkeit absprechen. Das spiegelt sich wiederum in den gesetzlichen Standards des Tierschutzes für unterschiedliche Tiergruppen wider: Je einfacher gestrickt, desto weniger schützenswert, so scheint das Credo zu lauten, das hinter den nach Art gestaffelten Richtlinien liegt.[303]

Obwohl Hühner allgegenwärtig und an Bedeutung für den Menschen unübertroffen sind, widmete sich die Forschung bisher mehr dem Makaken-, Schimpansen- und Hundehirn als dem von *Gallus gallus*. Sind auch Wissenschaftler nicht davor gefeit, Hühner mehr als Nahrungsmittel oder Waren denn als Vögel zu betrachten? Oder aber traut die Biologie unseren Haus- und Hoftieren weniger zu als den Wildtieren in ihren ursprünglicheren Habitaten? Pelzige und gefiederte Lebewesen mit augenscheinlich kuriosen Fähigkeiten scheinen die Wissenschaft am meisten zu reizen. Der Vogel, dessen Intelligenz am besten untersucht wurde, ist die Taube.[304] Von 1967 bis 2017 wurden jeweils über 1.200 Studien zur Intelligenz der Primaten-Topstars gemacht, weit abgeschlagen kommt dann erst die Taube mit knapp 400 Studien, und das Huhn rangiert nach Orang-Utan und Schwein auf Platz 7 mit knapp 200 Studien in diesem Zeitraum, die sich seiner Intelligenz (oder Kognition?) widmen.[305]

Die Domestikation dürfte die kognitiven Fähigkeiten der Hühner nicht wesentlich geschmälert haben. Zwar ist das Gehirnvolumen – wie bei vielen Haustieren – durch die Selektion auf Zahmheit geschrumpft[306], jedoch wäre es ein Irrtum zu glauben, dass die unzähligen gehaltenen Hybridhühner ihre Intelligenz eingebüßt hätten.[307]

Logisch!

Ein klassisches Forschungsfeld der Kognitionswissenschaft beschäftigt sich mit der *Objektpermanenz.* So bezeichnet man die Fähigkeit zu verstehen, dass etwas existiert, auch wenn es sich nicht im Blickfeld befindet. Die Objektpermanenz wird üblicherweise in sechs Entwicklungsstufen eingeteilt. Diese rangieren von *keinem* Verständnis, dass versteckte Objekte existieren, bis zur Fähigkeit, darauf zu schließen, *wo sich ein Objekt befindet*, nachdem es – vom Probanden nicht sichtbar – verschoben wurde. Menschenkinder erreichen diese höchste Stufe im Alter von etwa zwei Jahren.[308] Frisch geschlüpfte Hühnerküken, die auf ein Objekt (rotes Dreieck) geprägt wurden, zogen ein teilweise verdecktes Dreieck einem formveränderten Objekt vor, erkannten es also trotz seiner Unvollständigkeit. Im Alter von zwei Tagen fanden die meisten Küken das gänzlich verdeckte Objekt. Viel besser schneiden Hühner jedoch in Anwesenheit ihresgleichen ab; ein Phänomen, das sie mit vielen anderen sozialen Tieren gemein haben. Organische Stimuli (z. B. Beute oder andere Hühner) werden eher aufgefunden als künstliche Objekte.[309]

Die Fähigkeit des Zählens ist ebenfalls ein viel untersuchtes Feld. Dabei geht es einerseits um *mehr oder weniger* und auch darum, *nach Anzahl zu ordnen.* Beides wurde bereits bei wenigen Tage alten Küken nachgewiesen, die im Experiment einfache Rechnungen bis fünf erfüllen konnten.[310] Es wurde auch festgestellt, dass Hühnerküken – wie viele andere Arten auch – kleinere Mengen eher rechts, größere eher links im Raum vermuteten. Dies gibt Grund zu der Annahme, dass auch Hühner – aufgrund ähnlicher neuronaler Strukturen – bestimmte Mengen in geometrischen Räumen anordnen.[311] Die Tendenz, Experimente mit Küken, die auf etwas Bestimmtes geprägt wurden, durchzuführen, zeigt, wie sehr die Forschung noch dem Paradigma nachhängt, die Kognition der Hühner sei hauptsächlich instinktiv bedingt. Dabei wurde ihre *Lernfähigkeit* – aufbauend auf diesen instinktiven Fähigkeiten – als Entwicklungsmotor völlig vernachlässigt.[312] Veraltet erscheinen auch die hochgradig artifiziellen Settings, in denen solche Versuche durchgeführt wurden. Der Stress, dem Tiere dadurch ausgesetzt sind, verzerrt das Ergebnis erheblich.[313] Die Intelligenz der Küken im Kontext einer natürlichen sozialen Gruppe wurde hingegen erstaunlich wenig beforscht.

Ein österreichisch-englisch-italienisches Team von Verhaltensforscherinnen und -forschern untersuchte, ob acht Tage alte Küken über ein Konzept von *»Nichts«* bzw. der Abwesenheit von Dingen verfügen. Die Präferenz des verwendeten Auges diente den Wissenschaftlerinnen als Orientierung, ob die Küken ein Ereignis erwartet oder nicht erwartet hatten.[314] Sie fanden heraus, dass junge Hähne mit dem linken Auge auf neue Objekte reagierten, aber nicht auf deren (unerwartete) Abwesenheit. Weibliche Küken reagierten im Experiment auf die unerwartete Abwesenheit eines Objekts, das vorher hinter einem Vorhang verschwand, genauso mit der Inspektion des linken Auges wie bei der plötzlichen Anwesenheit eines neuen oder bekannten Objekts, das vorher dort offenbar nicht versteckt worden war. Weibliche Küken zeigten also, dass sie etwas erwartet hatten, und versuchten, mit dem linken Auge das Unerwartete (in diesem Fall, das Nichts) zu erkunden. War ein bekanntes Objekt vor ihren Augen verschwunden, schauten sie mit dem rechten Auge – dem Auge, das der Erkennung von Bekanntem und Artgenossen dient – nach.[315]

Intelligenz wird weiter an Zeitwahrnehmung und *Antizipation,* also der Erwartungshaltung gegenüber Geschehnissen in der Zukunft, gemessen. Das Erkennen, dass die Zeit vergeht, wird in der Forschung als Basis für die komplexere Fähigkeit der *mentalen Zeitreise* angenommen. In Experimenten mit versteckten Bällen schnitten erwachsene Hühner etwa gleich gut ab wie die meisten Primaten. Küken zeigen an ihrem fünften Lebenstag bereits eine besonders gute Erinnerung an Futterplätze.[316] Junge Hennen können nachweislich ein Zeitintervall von 6 Minuten einschätzen, wobei auch hier die Künstlichkeit des Untersuchungssettings (Einsatz eines Touchscreens) erwähnt werden muss. Inzwischen ist man sich dessen bewusst, dass Experimente mit Tieren in ihrem natürlichen Umfeld bessere Ergebnisse erzielen.

Unter *Selbstkontrolle* versteht man die Fähigkeit, sich in einem Moment zurückzuhalten, um später mehr oder etwas Besseres, z. B. eine größere Belohnung, zu erhalten. Selbstkontrolle wird bei Menschenkindern üblicherweise erst im Alter von vier Jahren verlässlich nachgewiesen. Hühner wählten bei den mehrstufigen Optionen von 2 bis 22 Sekunden die längste Verzögerung, um dann das meiste Futter zu erhalten.[317]

Können Hühner nachdenken oder *Logik* anwenden? Ein typisches Beispiel für die Suche nach dieser Antwort ist die Untersuchung folgender Schlussfolgerung: Wenn B > C und C > D ist, dann ist B > D. Ursprünglich wurde diese Fähigkeit als eine allein menschliche Eigenschaft propagiert, die erst bei Kindern ab sieben Jahren sicher nachweisbar ist.[318] Eine Gruppe kanadischer Forschender bewies, dass auch Hühner zu dieser Schlussfolgerung fähig sind, indem sie Hennen (Z) dabei zusehen ließen, wie ihnen bekannte dominante Hennen (D) mit einer unbekannten Henne (N) konfrontiert wurden. Dabei ist es wichtig, zu wissen, dass es unter einander bekannten Hennen häufig schon eine lineare Rangordnung gibt, die bereits beim ersten Zusammentreffen ausgefochten wurde (wie in Kapitel »Hackordnung und Freundschaft« noch genauer erläutert werden wird). Die Zuseherin (Z) wusste also, in welchem Verhältnis sie zu einer der beiden beobachteten Hennen, nämlich zu D, stand: Sie war ihr untergeordnet. Je nachdem, wie die bekannte dominante Henne D in der Konfrontation mit der unbekannten Herausforderin N abschnitt, so verhielt sich Z in dem Moment, als sie schließlich mit N zusammengebracht wurde. Wenn N sich gegenüber D zuvor als dominant gezeigt hatte, ordnete sich Z sofort unter und vermied einen Kampf. War N aber zuvor D unterlegen, wurde sie von Z herausgefordert, um die Rangordnung zwischen ihnen festzulegen.[319]

Aus diesen Ergebnissen ließen sich mehrere Schlüsse ableiten: Hühner ziehen nützliche Informationen über ihren sozialen Status in der Rangordnung durch Beobachtung ihnen bekannter Artgenossinnen. Dem scheinbar einfachen Rangverhalten der Hackordnung kann also ein komplexes logisches Denken zugrunde liegen. Außerdem zeugt dieser Versuch von vielschichtigen sozialen Beziehungen, bei denen Hühner eine Art Selbsteinschätzung durchführen.[320]

Das (mit-)fühlende Geflügel

Wenn Hühner aber jetzt so (überraschend?) intelligent sind, wie steht es um ihr Gefühlsleben? Beziehungsweise, wie viel Gefühl traut die Menschheit ihnen zu?

Wurden Tieren früher Emotionen ganz aberkannt, so hat sich diese Einstellung in den letzten Jahrzehnten einem wahren Paradigmenwechsel unterzogen. Durch die Entdeckung kognitiver Komplexität bei Arten, bei denen man diese ganz und gar nicht vermutet hatte, wurde immer mehr auch der Fokus auf die Gefühlswelt in der belebten Natur gerichtet. Auch das heikle Thema der Emotionen bei Nutztieren wurde damit in der Wissenschaft und in einem breiten Publikum eröffnet. Immer mehr Rufe werden laut, dass

Tierwohl mehr sein muss als die bloße Abwesenheit von Leid und Schmerz, sondern dass Tiere zeitlebens positive Gefühle haben, sich wohlfühlen sollen, wenn sie in Gefangenschaft gehalten werden – und sei diese Zeitspanne auch noch so kurz.[321]

Hühner zählen als Vögel einerseits zu den Spezies, die uns Menschen unähnlicher sind als etwa andere Säugetiere, und sind andererseits Nutztiere. Beides trägt zu einer falschen Einschätzung ihrer kognitiven und emotionalen Fähigkeiten und ihrer Empfindungsfähigkeit bei. Gerade aber das Empfindungsvermögen, also die Fähigkeit, positive und negative Gefühle wahrzunehmen, wird immer mehr in der Literatur diskutiert.[322] Eine australische Studie, an der auch die vorher erwähnte Terry Ryan beteiligt war, zeigte, dass die an einer Chicken-Clicker-Training-Veranstaltung Teilnehmenden die Empfindungsfähigkeit von Hühnern davor als sehr limitiert einschätzten.[323] Sie meinten, dass Hühner wohl Hunger, Schmerz und Angst verspüren könnten, jedoch kein Sensorium für Langeweile, Frustration oder Freude hätten. Außerdem würden sie über sehr geringe Intelligenz und Lernfähigkeit und über keine individuelle Persönlichkeit verfügen. Diese Einstellungen hatten sich aber nach der Arbeit mit den Hühnern während des Chicken-Clicker-Kurses zugunsten der Komplexität der Hühnergefühlswelt verändert.[324] Eine andere Studie zeigte, dass die Einstellungen gegenüber einer Spezies mit der Vertrautheit der Befragten zu dieser Tierart variieren: Wer eine Tierart besser kennt, traut ihr also mehr zu.[325]

Gleich mehrere internationale Studien stellten fest, dass die Befragten das Empfindungsvermögen von Hühnern zwischen Säugetieren und Fischen einordneten.[326] In einer anderen schätzten die Interviewten diese Fähigkeit beim Geflügel auf etwa 59 % der menschlichen ein.[327] In einer finnischen Befragung meinten fast zwei Drittel, Hühner könnten zwar Schmerz und Vergnügen empfinden, wären aber nicht zu Gefühlen wie Traurigkeit, Zuwendung und Wut fähig.[328] Nur 40 % der Befragten einer australischen Studie sprachen Hühnern die Fähigkeit zu trauern zu.[329] Diese Zahlen sind deshalb von Bedeutung, da die öffentliche Meinung als Voraussetzung für die Verbesserung der Bedingungen in der industriellen Tierhaltung angesehen wird: Denn nur durch sie kann der notwendige Druck auf die Politik hin zu einer strengeren Gesetzgebung zustande kommen.[330]

Welche Beweise gibt es aber für Emotionen und Empfindungsfähigkeit bei Hühnern? Die bereits zitierte britische Ethologin Christine J. Nicol[331] schickt vorweg, dass die Erforschung von Emotionen bei Vögeln noch in den Kinderschuhen stecke. Tatsächlich sei es auch schwierig, subjektive Gefühle in einem Huhn mit wissenschaftlichen Methoden zu messen oder nachzuvollziehen. Man greift daher in erster Linie auf Messbares wie biochemische Daten und Gehirnströme zurück. Generell ist eine Schieflage hin zu der Erforschung negativer Emotionen bei Nutztieren und Vögeln festzustellen.[332] Deshalb gibt es viele Untersuchungen zu Stress und Angst, da diese als wichtige Parameter für das Tierwohl herangezogen werden. Wenig erforscht wurden hingegen Zufriedenheit und allgemeines Wohlbefinden.

Angst (als Reaktion auf eine Gefahr, z. B., wenn sie gefangen und eingesperrt werden, auf offenen Flächen und bei unbekannter Umgebung) zeigen Hühner auf vielfältige Weise: Angststarre, erhöhte Körpertemperatur und erhöhte Herzfrequenz zählen dazu.[333] Versuche legen nahe, dass Hühner in Angstzuständen eine veränderte Wahrnehmung zeigen, die zu einer wahrscheinlicheren Einschätzung von Stimuli als »gefährlich« führen. Dieses Phänomen, das auch bei vielen anderen Arten – wie auch dem Menschen – unter anderem bei depressiven Zuständen auftritt, wird als kognitiver *Bias* (Verfälschung) bezeichnet und kann viele Ergebnisse in künstlichen oder Laborsituationen maßgeblich verzerren.[334]

Beim Weidegang bzw. der Futtersuche scheinen Hühner emotionale Entscheidungen zu treffen. Sie wählen im Zweifel die Umgebung aus, in der sie sich wohler fühlen.[335] Hühner suchen nach verhaltensrelevanten Ressourcen (Sitzstange, Sandbad), wenn ihnen diese entzogen werden. Nur bei manchen Ressourcen ist ein spezielles Mangelverhalten auch ohne vorherige Erfahrungen zu beobachten, z. B. bei Sandbädern[336], wie bereits vorher in Kapitel »Und täglich ein Sandbad« erwähnt wurde. Schwierig wäre es, z. B. bei Hühnern aus konventioneller Haltung nachzuweisen, ob sie das Tageslicht, das sie noch nie gesehen haben, »vermissen«.[337] Wie kann man so etwas überhaupt messen? Eine interessante Methode, um Präferenzen zu erforschen, ist die an der Oxford University praktizierte *Gap-Methode*. Dabei setzt man voraus, dass Hühner je nach Wichtigkeit einer bestimmten Ressource mehr oder weniger zu geben bereit sind. Wenn sie hoch motiviert sind, zu ihren Artgenossinnen zu gelangen, werden sie bereit sein, einen »höheren Preis« dafür zu bezahlen: etwa, durch einen unangenehm engen Spalt *(gap)* zu schlüpfen oder sogar eine Klappe zu bedienen. Ist es ihnen das aber nicht wert, so werden sie einfach in dem Bereich bleiben, wo sie gerade sind, und dann auf die Gesellschaft anderer Hühner verzichten.[338]

Als wir gerade zwei Lakenfelder Hennen aufgenommen hatten, war es für die Neuankömmlinge nicht leicht, sich in die Gruppe zu integrieren. Sie schienen nicht sehr durchsetzungsstark, kamen aus einer stabilen sozialen Gruppe und waren offensichtlich mit ihrem Umzug in eine neue Hühnerschar nicht besonders glücklich. Es war Mai, und wir machten uns (berechtigte) Sorgen, dass unsere Novizinnen nicht nur den Garten, sondern auch die andere Seite des Zauns ergründen wollten, wo ja das Gras bekanntlich grüner, aber das Leben nun mal auch sehr gefährlich ist. Denn der Fuchs lag auf der Lauer und wartete nur auf die Gelegenheit, die hungrigen Mäuler seiner Jungen mit Hühnchen zu stopfen. Die von uns gesteckten Grenzen werden üblicherweise von unseren Haustieren akzeptiert, doch müssen sich diese anfangs immer etwas einleben.

Nach einigen Tagen fand ich eine der Hennen in der Nähe des Hauses. Sie lief herum, ganz offensichtlich suchend, und stieß klagende Laute aus. Sofort war ich alarmiert und begann, nach ihrer Partnerin (Schwester? Mutter? Freundin?) Ausschau zu halten. Ich konnte sie nirgendwo sehen und lief der rufenden Henne voraus, um ihr beim Suchen zu helfen. Das ganze Schauspiel dauerte bereits zehn Minuten, bis ich mich schließlich äußerst besorgt ins Haus zurückzog. Als ich aus dem Fenster schaute, sah ich die vermisste Henne entspannt inmitten der »Alteingesessenen« liegen, wo sie sich offensichtlich ausruhte. Die andere Henne hätte sie dort doch sicher gefunden, war sie doch in unmittelbarer Nähe an dem Grüppchen vorbeigelaufen? Jetzt suchte ich wiederum die andere Henne. Ich fand sie in einem guten Versteck nahe der Kellertür, wo sie gerade dabei war, ein Ei zu legen. Was sie zuvor gesucht hatte, war ein Nest gewesen und nicht die Gesellschaft ihrer gut bekannten Kumpanin.

Diese Geschichte ist nicht besonders aufregend, doch hat sie mich gelehrt, dass unsere eigene menschliche Interpretation uns oft vorauseilt. Hühner ticken anders – auch nach vielen Jahren Erfahrung und interessierter Beobachtung ist man durchaus nicht davor gefeit, sein eigenes Verhalten und die eigenen Bedürfnisse seinen Hühnern zu unterstellen.

Hühner sind soziale Wesen. Es ist daher auch von einer entsprechenden emotionalen Ausrüstung auszugehen, wie zum Beispiel Mitgefühl. Diese Empathie wurde etwa bei gluckenden Hennen beobachtet, als sie dabei zusehen mussten, wie ihre Küken in Angst versetzt wurden (durch harmlose Luftstöße). Die Hennen reagierten stark gestresst auf diese Beobachtung, obwohl ihnen selbst die gleichen Luftstöße im eigenen Käfig wenig auszumachen schienen.[339] Individuelle Unterschiede bei den Glucken legen außerdem nahe, dass es verschiedene Typen von Müttern gibt. Die Hennen, die weniger emotional auf das Erschrecken ihrer Küken reagierten, schienen diese auch besser beruhigen zu können.[340] In einer Folgestudie mit bekannten erwachsenen Hennen zeigten die Beobachterinnen mehr Reaktion bei den Luftstößen, die gegen sie selbst gerichtet waren, als wenn sie die (ihnen bekannten) Artgenossinnen beobachteten, die dem gleichen Schreckfaktor ausgesetzt wurden.[341] Hier wurde also kein empathisches Verhalten zwischen erwachsenen Hühnern beobachtet.

Spaß, Spiel und Persönlichkeit

Ein interessantes Phänomen ist auch, dass Hühner nicht spielen. Einzig bei jungen, bis zu zwei Wochen alten Küken kann man etwas Ähnliches beobachten. Dabei handelt es sich aber häufig um sogenannte *Scheinkämpfe*, ein einander zugerichtetes Flattern und Hüpfen, jedoch ohne jeglichen Versuch, das Gegenüber mit dem Schnabel zu treffen. Und das war es auch schon. Bei Erwachsenen wie bei Jungtieren wird man ansonsten keine spielerischen Tätigkeiten entdecken, weder allein noch zu zweit noch in der Gruppe.[342] Was nicht bedeutet, dass Hühner nicht Spaß bei den Dingen des alltäglichen Hühnerlebens hätten. Wenn z. B. ein Fluginsekt gefangen werden will oder die Hühner abwechselnd bei der Traubenernte vom Boden wegspringen, um an die schmackhaften Beeren zu gelangen, sind wir Menschen versucht, sie mit spielenden Katzen zu vergleichen. Katzen spielen aber z. B. auch mit Bällen oder Stoffmäusen, des Vergnügens willen, wissend, dass sich daraus bestimmt keine Mahlzeit ergeben wird. Doch Hühner haben dazu einfach keine Lust. Wenn etwas als nicht essbar identifiziert ist, ist es uninteressant. Hühnerschaukeln, auf denen Hühner einen Mini-Spielplatz bereitgestellt bekommen, sind bei einigen Individuen beliebt – doch noch viel mehr bei ihren Halterinnen. Schließlich berichten viele, dass ihre Hühner die Schaukel nie benutzt hätten, sie wäre aber »total süß« oder eben ein »Hingucker«. Schaukelnde Hühner scheinen also eher eine Randgruppe darzustellen.

Individuelle Vorlieben und Randgruppen sind wohl Begriffe, die wir in der zoologischen Literatur nicht sehr häufig finden. Haben denn Hühner nun einen eigenen Charakter, eine individuelle Persönlichkeit? *Dafür* gibt es zahlreiche Hinweise in der Tierwelt – auch bei Hühnern.[343] »Es gibt jede Menge anekdotische Beweise für individuelle Persönlichkeiten aus Tierheimen, Kleinbauernhöfen und von Menschen, die sich Hühner im Garten halten. [...] Mutterhennen zeigen eine ganze Palette an individuellen mütterlichen Persönlichkeitsmerkmalen, die das Verhalten ihrer Jungen zu beeinflussen vermag[344]«, schreibt Lori Marino in ihrem vielgelobten Artikel *Thinking Chickens* von 2017. Solche Anekdoten kennen die meisten von uns zuhauf, haben vielleicht auch selbst einige davon zu erzählen, aber was sagt die Wissenschaft dazu?

Eine Gruppe Forschender rund um Christine J. Nicol identifizierte anhand der Klassifizierung von sechzig Hennen drei Grundcharaktertypen[345]:

- *Typ 1:* Diese Hühner bevorzugten Sägespäne, waren sehr futtermotiviert und pickten nach einem leeren Teller, auf dem zuvor Mehlwürmer angeboten worden waren.
- *Typ 2:* Bei diesem Typ handelte es sich um eher ängstliche Hühner, die Drahtgitterboden bevorzugten.
- *Typ 3:* Hierzu gehörten Hühner, die weniger futtermotiviert waren, denen aber Beschäftigungseinstreu wichtig war.

Diese Unterschiede waren über viele Monate stabil und machten die Hühner auch individuell unterscheidbar.[346] Bei Hähnen konnten drei Hauptmerkmale identifiziert werden, die auch ihren sozialen Status massiv bestimmten:

- Verwegenheit,
- Aktivität/Erkundung und
- Wachsamkeit.

Diese Charaktereigenschaften scheinen wichtiger als körperliche Überlegenheit zu sein.[347] Tatsächlich ist die Debatte über Persönlichkeit von nicht-menschlichen Lebewesen noch längst nicht ausgereizt. In zahlreichen Untersuchungen wurden bereits Persönlichkeitsmerkmale und Charaktertypen bei Tieren festgestellt, die denen des Menschen erstaunlich ähneln.[348] Es ist also davon auszugehen, dass Hühner über eine Persönlichkeit verfügen, wie aus Erfahrungen und Geschichten bekannt, doch fehlt es an wissenschaftlichen Untersuchungen, die dies mit der entsprechenden Fachkompetenz untermauern.[349] Schließlich sind hier Nutztiere, wie so oft, ins Hintertreffen geraten. Wer möchte schon gern eine Persönlichkeit auf dem Teller liegen haben?[350]

VON HACKORDNUNG UND FREUNDSCHAFT

Nur eines im Kopf …?

Wenn man Hühner bei der Paarung beobachtet, hat man als einfühlendes Wesen keine leichte Zeit. Besonders als Frau ertappe ich mich dabei, absolutes Mitleid mit den wörtlich »getretenen« Hennen zu empfinden. Hatte ich schon bei vielen anderen Haustierarten nicht unbedingt das Gefühl, dass ihnen Sex Spaß macht (oft sogar beiden Beteiligten nicht), dann ist mein Eindruck bei Hühnern gelinde gesagt der, dass es sich beim Deckakt schlichtweg um Vergewaltigung handelt. Ganz besonders schlimm ist es bei den rangniederen Hähnen, die morgens, wenn die Türen geöffnet werden und alle Hühner aus ihren schummrigen Stalleinheiten ins Morgenlicht taumeln, sich unmittelbar auf die erstbeste Henne, die ihnen über den Weg läuft, stürzen, ihr hinterherlaufen, sich von hinten auf sie werfen, während sie sich schon hinhockt, ihren Kamm oder die Halsfedern packen und sich mit ihr paaren. Dazu schiebt die Henne in einer reflexartigen Bewegung den Schwanz zur Seite, der Hahn senkt sein Hinterteil, drückt seine Kloake auf die der Henne und begattet sie. Schlimm genug, dass dies der Henne einmal widerfahren ist; doch kaum ist es überstanden, so steht der Bruder bereits daneben und wartet auf seine Gelegenheit, muss er doch nun die Henne nicht mehr selbst einfangen. Also nimmt die Henne, die sich inzwischen nicht mehr wehrt, auch noch einen zweiten Koitus hin. Es gibt nur einen Trost: Wenn die Hähne erst einmal treten, dauert das nicht einmal fünf Sekunden. Für die ganze Menage à trois. Dann ist die Henne wieder frei. Sie schüttelt sich und geht ihrem Hühneralltag nach. Beschwichtigungsversuche der Junghähne nimmt sie, sofern diese überhaupt angeboten werden, meistens nicht an.

Autorinnen sprechen in diesem Zusammenhang von sexueller Belästigung[351], einige räumen sogar ein, ihre Hähne aus der Gruppe entfernt zu haben, weil sie erzwungene Paarungen nicht länger mitansehen konnten.[352] Man muss unseren Haushähnen allerdings einräumen, dass die primäre Eigenschaft, für die sie von Menschen jahrtausendelang gezüchtet wurden, die Kampfbereitschaft war. Diese Selektion hat zu einem tendenziell aggressiveren Verhalten bei den männlichen Vertretern unseres beliebtesten Haustiers geführt.[353] Diese gesteigerte Angriffslust in Kombination mit überbordender Paarungsbereitschaft kann auch ausufern, z. B. bei Masthähnen, die in vielerlei Hinsicht schon so überzüchtet sind, dass sie nicht nur wegen ihres enormen Brustfleischs Probleme mit dem Gleichgewicht, sondern auch bei der Paarung haben. Durch Überzüchtung wurden diese Mastlinien derart pervertiert, dass es sogar zur Tötung der Hennen bei der Paarung kommen kann.[354]

Bei Bankivahennen ist die Paarungsbereitschaft größer, vermutlich, weil sie saisonal reglementiert ist. Auch dort gibt es kein unmittelbares Vorspiel, aber öfter ein kleineres Nachspiel. Auch das kann man beim Hausgeflügel – je nach Situation und Paar – beobachten. Manchmal tänzelt der Hahn noch etwas um die Henne herum, er *walzert*, doch wirkt das auf uns Menschen eher wie ein Beschwichtigungsversuch.

Die sexuelle Bedrängnis der Hennen passiert, während der Althahn, der hiesige Despot[355], noch gemütlich im Stall auf der Stange sitzt und rastet. Er ist zwar der ranghöchste, der unangefochtene Chef, doch sieht man ihn kaum dabei, wie er seinen Söhnen den Paarungserfolg missgönnt, sie davonjagt oder sich dazwischendrängt, wie es Althähne vor ihm taten. Die Jungen sind noch zu jung, um ihn herauszufordern, er wirkt um mindestens ein Drittel größer, sein Kamm ist doppelt so voluminös und seine Erscheinung schlichtweg … stattlich. Er strahlt mit jeder weißen Feder seines Körpers aus, dass *er* niemandem nachlaufen muss, um seine Nachkommenschaft zu sichern. Und ja, die Hennen sind ihm gewogen.

Wie bereits beschrieben, haben Collias und Collias bei den Bankivahühnern im San-Diego-Zoo beobachtet, dass der ranghöchste Hahn beinahe ein Paarungsmonopol hat. Durch die saisonal entkoppelte Paarung beim Haushuhn befinden sich unsere Haushähne auch unter größerem Druck.[356] Ranghöhere Hähne paaren sich öfter als rangniedere, während rangniedere Hennen öfter zur Paarung gelangen, weil sie sich im Gegensatz zu ranghöheren eher fügen. Dies kann einerseits als Unterwerfungsgeste, andererseits auch als Bereitschaft zur Reproduktion interpretiert werden.[357] Doch sind die Hennen nur duldend und unterlegen, haben bei der Partnerwahl nichts zu entscheiden?

Collias und Collias beobachteten einst folgende bemerkenswerte Szene: »Einjährige Männchen bleiben oft bei ihrer Schar, doch haben sie kaum bis gar keine Möglichkeit, sich erfolgreich zu paaren, obwohl sie bereits zeugungsfähig sind. Manche von ihnen erkunden benachbarte Scharen, doch kommen sie jeden Abend wieder heim, um mit ihrer angestammten Gruppe zu rasten. Der Jährling GG der Schar B3 spazierte oft sowohl nach Norden als auch nach Süden und ergründete die benachbarten Reviere. Einmal beobachteten wir, wie eine Henne im direkt südlich an GGs Heimterritorium angrenzenden Revier tatsächlich die Gesellschaft des dominanten Hahns ihrer Gruppe verließ, etwa zehn Meter durch die Büsche dem Junghahn GG entgegenging und sich schließlich mit ihm paarte. Ganz offensichtlich haben Hennen ihre eigenen Methoden, um selbst auf die Partnerwahl einzuwirken. Wir sahen auch eine junge Henne und einen einjährigen Hahn, wie sie die vom dominanten Hahn angeführte Abendprozession zum Schlafbaum verließen. Das junge Paar kopulierte dann, versteckt hinter einer Wand, wo sie der Despot nicht sehen konnte.«[358]

Hähne geben sich alle Mühe, den Hennen zu gefallen. So ist das Erscheinungsbild des Hahnenkamms keinesfalls eine stabile Größe. Je nach Situation ist ein Hahn imstande, mehr oder weniger Blut in den Kamm zu pumpen – ihm »schwillt der Kamm«, so wie es auch sprichwörtlich manchen Menschen bei großem Zorn oder übermäßiger Eitelkeit nachgesagt wird. Dominante Hähne vergrößern den Kamm, wenn sie zu einer großen Gruppe stoßen, während der von subdominanten Hähnen kleiner wird.[359] Die Größe des Kamms ist also im wahrsten Sinne des Wortes ein Statussymbol. Dementsprechend bevorzugen Hennen tendenziell einen größeren Kamm.[360] Dies kann auch daran liegen, dass Testosteron das Zaubermittel ist, das hinter dem blutroten Kopfschmuck steht … und daher wahre biologische Männlichkeit und Zeugungskraft signalisiert.[361] Prall und leuchtend steht der Kamm für echte Virilität und zeigt gleichzeitig, dass der Hahn gesund ist und über ein gutes Immunsystem verfügt.[362] Körpergröße spielt hingegen eine untergeordnete Rolle. So hat schon so mancher Zwerghahn das Zepter in der Hühnerschar an sich gerissen. Im Zweifelsfall setzen Hennen schließlich weniger auf optische Reize als auf das männliche Verhalten der Hähne: Wer sich als »wahrer Mann« gibt, hat bessere Chancen, bei den Hennen zu punkten.[363]

Auf der anderen Seite sind Hennen, die sich mit einem attraktiven Hahn verpaart haben, bereit, in ihre Brut mehr Energie zu stecken. Zum Beispiel, indem sie ein größeres Gelege ausbrüten. Erforscht wurde dies, indem man verschiedene Gruppen von Bankivahennen mit je einem vasektomierten Hahn gemeinsam hielt und ihnen so den Eindruck vermittelte, der jeweilige (noch immer paarungswillige, aber zeugungsunfähige) Hahn wäre der Vater ihrer Küken. Tatsächlich waren sie aber künstlich mit dem Sperma eines anderen Hahns befruchtet worden. Schwerere Hennen, die mit einem Hahn mit großem Kamm zusammenlebten, brüteten größere Gelege aus als solche mit weniger attraktivem (Schein-) Sexualpartner. Wissenschaftler sprechen hier von einer größeren *Investition* in die Brut. Die Theorie der *sexy sons* erklärt die Präferenz der Hennen für attraktivere Hähne so: Schöne Väter bekommen schöne Söhne, die dann ihrerseits wiederum bessere Paarungschancen haben.[364] Diese Theorie gilt nicht nur für Hühner.

Natürlich können Hennen dank ihrer Intelligenz – sofern es irgend möglich ist – unerwünschte Paarungen vermeiden, indem sie aufgrund ihrer *daily routine* den unerwünschten Deckakten durch Sexualpartner zweiter, dritter etc. Wahl zu entgehen versuchen.[365] Auch eine Art »Hilfeschrei« während der erzwungenen Paarung mit rangniederen Hähnen kann helfen, den dominanten Hahn herbeizurufen, der den jungen Konkurrenten dann vertreibt.[366] Sind Hennen mit einem Sexualpartner nicht einverstanden, haben sie aber ein sehr viel subtileres Mittel parat[367]: Sie können das Ejakulat nach dem Deckakt auswerfen.[368] Dazu verfügen sie über eine kleine Tasche in der Kloake, in der das (gewollt oder ungewollt) aufgenommene Sperma aufbewahrt wird. Aber sie können es eben auch wieder loswerden und so schließlich doch über den Vater ihrer Kinder bestimmen.

Tatsächlich lassen sich auch in meinem Stall einige der Hennen erstaunlich viel Zeit mit dem Aufstehen und hüpfen erst mit gehöriger Verspätung von der Sitzstange, wenn der dominante Hahn bereits unterwegs und draußen schon längst wieder Ruhe eingekehrt ist.

Ist der Despot einmal erwacht, startet er zuerst mit einem morgendlichen Trunk am Wasserspender in den Tag und beginnt dann meist unmittelbar damit, den Hennen Futter zu zeigen. Er scharrt in der Erde, pickt Futterstückchen auf, die die Hennen wahrscheinlich auch selbst gefunden hätten, und legt sie generös wieder hin. Anschließend geht er ein paar Schritte zurück und lässt die Damen das Gefundene aufpicken, wobei er in dieser noblen Geste auf das Futter verzichtet. Das Ganze ist begleitet von einem aufgeregten, lauten, kurzen Glucksen, das stets für große Aufmerksamkeit bei den Hennen sorgt. Ganz besonders, wenn der Ranghöchste sie ruft. Hat er jetzt auch noch etwas zu bieten, wie einen köstlichen Regenwurm oder ein paar saftige Ameisen, dann ist er der Star der nächsten Viertelstunde.

Dieses Verhalten nennt man im Englischen *Tidbitting,* was schwierig zu übersetzen ist. Das Wort *Tidbits* bezeichnet Leckerbissen und je mehr der Hahn davon zu bieten hat, desto lieber mögen ihn seine Damen. Es wird dem Balzverhalten zugerechnet, findet aber nicht unmittelbar vor der Paarung statt, sondern dient mehr der Beziehungspflege zwischen Männchen und Weibchen.[369] Diese Beziehungen sind langfristig und haben für die Hennen mehr praktischen Nutzen als gesträubtes Gefieder und Getänzel. Ein Hahn, der die Hennen in der Gruppe so füttert, genießt hohe Anerkennung, was wiederum zu Paarungsbereitschaft mit ihm führt.[370]

Für rangniedere Hähne ist es mitunter schwierig, da mitzuhalten. Denn so entspannt unser Althahn sie frühmorgens gewähren lässt und die Hennen den triebgesteuerten Attacken seiner Thronfolger ausliefert, so wenig kann er es leiden, wenn sie ihm die Show stehlen. Und genau das ist *Tidbitting*: Es kommt daher auch nur vor, wenn Hennen in der Nähe sind – ein sogenannter *Publikumseffekt*.[371] Damit sammeln Hähne langsam, aber stetig Bonuspunkte bei den Weibchen. Und auch die scheinbar brutalen Junghähne haben oft schon eine kleine Schar Hennen um sich versammelt, die sie abends auf die Sitzstange begleiten. Der Hahn vergewissert sich also, ob Tidbitting in der Situation Sinn macht. Ist niemand da, den man damit beeindrucken könnte, ist so eine Köstlichkeit auch schnell mal im Hahnenkropf gelandet.

Je köstlicher der gefundene Leckerbissen, desto aufgeregter wird dies verkündet. Die Hähne auf den niederen Rängen geben die beliebtesten Laute im Hennenuniversum auch nicht unüberlegt von sich: Sie halten Ausschau, wo der Despot steckt. Je weiter dieser entfernt ist, desto lauter lassen sie ihren Lockruf ertönen, um auch von möglichst vielen Hennen gehört zu werden, doch nur so laut, dass sie vom Ranghöchsten nicht gleich verscheucht werden. Es wird aber auch häufig stummes *Tidbitting* beobachtet, bei dem die Hennen nur körpersprachlich angelockt werden.[372] Die

Wissenschaft hat das *Tidbitting* genauer unter die Lupe genommen und festgestellt, dass der Lockruf dabei allein dazu dient, die Hennen näher zum Hahn zu bringen. Der viel wichtigere Part besteht dabei in der Körpersprache, mit der der Hahn das Futter anzeigt. Dabei verstärkt das Wackeln von Kamm und Kehllappen das optische Signal um ein Vielfaches.[373] Hennen reagieren auf stummes *Tidbitting* genauso begeistert wie auf solches mit Ton.[374] *Tidbitting* ist *multimodal*, bedient sich also mehrerer Kommunikationswege, ähnlich wie die Tänze der Honigbienen, und ist das erste nachgewiesene multimodale Verhalten bei Wirbeltieren.[375]

Es kommt vor, dass ein Junghahn nur so tut, als ob, um die eigene Beliebtheit bei den Frauen zu fördern. Es wurde beobachtet, wie ragniedere Hähne vorgaben, Futter gefunden zu haben, um Hennen anzulocken und ihnen zu imponieren. Doch Hennen lassen sich nicht einfach täuschen: Hat ein subdominantes Männchen einige Male fälschlicherweise zur Mahlzeit gerufen, strafen ihn die Hennen fortan mit Verachtung. Auch Hühner können es offenbar nicht leiden, manipuliert zu werden.[376]

Als typisches Balzverhalten würde man auf den ersten Blick das *Walzern* interpretieren. Dieses Tanzen der Hähne um die Hennen, meist mit einem nach unten abgespreiztem Flügel, mit mehreren Richtungswechseln, begleitet von lang gezogenen, fast gurrenden Tönen, wird zwar häufig als Werbung interpretiert, weil auch neue Hennen so empfangen werden.[377] Auf die Weibchen scheint das Walzern aber eher bedrohlich zu wirken, auch wenn es manchmal nur angedeutet wird: Es kommt schließlich auch zwischen männlichen Rivalen vor. Walzernd sieht man den Hahn auch eingreifen, wenn sich zwei Hennen streiten.[378] Dann kommt er aufgeregt gelaufen, bremst ab, streckt einen Flügel nach vorne, schiebt ihn zwischen die Hennen, streift die gespreizten Federn über den Boden, rückt den Körper nach und begleitet eine davon – nicht immer höflich! – bei der Tür hinaus. Wen der Hahn dabei favorisiert, ist für uns Menschen nicht immer nachvollziehbar. Jedenfalls aber kann er so auch die aggressiveren Konflikte zwischen den Weibchen wieder beenden.[379]

Freundschaft

Über die Gruppenstruktur beim wilden Bankivahuhn war im Kapitel »Wo die wilden Hühner wohnen« bereits zu lesen. Domestizierte Hühnergruppen entstehen meist nicht auf organische Weise, sondern werden vom Menschen »zusammengewürfelt«. Dabei zeigt sich – falls es die Gelegenheit dazu gibt, zum Beispiel in gemischtgeschlechtlicher Freilandhaltung –, dass sich Gruppen von drei bis dreißig Tieren bilden, was darauf schließen lässt, dass dies eine »angenehme« Gruppengröße für Hühner darstellt.[380] Typischerweise gibt es aber in der industriellen Haltung sehr große Gruppen mit mehreren Tausend, ausschließlich weiblichen Tieren, die meistens auf engem Raum gehalten werden. Daraus resultieren verschiedenste Verhaltensprobleme bis hin zu Kannibalismus.[381]

Wird eine Gruppe neu gebildet, muss sofort eine Rangordnung aufgestellt werden.[382] Je länger Hühner mit fremden Individuen zusammen sind, desto mehr nähern sie sich ihnen an, und langsam steigert sich die Zeit, die sie auch mit den »Neuen« verbringen. Das bedeutet, dass sich soziale Beziehungen mit der Zeit verfestigen können.[383] Hennen können Artgenossinnen auch auf zweidimensionalen Farbfolien unterscheiden[384], zur sozialen Unterscheidung verwenden Weibchen das rechte Auge[385]: Das bestärkt die Annahme, dass auch in diesem Kontext der Sehsinn das dominante System ist und Geruch nur eine Nebenrolle spielt.[386] In ihrem

Artikel *Do hens have friends?* gingen britische Verhaltensforscherinnen rund um Siobhan Abeyesinghe der Frage auf den Grund, ob sich in Legehennengruppen stabile Freundschaften bilden (können). Freundschaft wurde so definiert, dass Hühner sich in gleichen Zweiergruppen an denselben Orten (untertags und nachts auf der Schlafstange) aufhalten, sozusagen die Nähe der jeweils anderen Henne suchen. Dazu wurden acht Gruppen zu je 15 Hühnern über einen Zeitraum von acht Wochen beobachtet. Die überraschende Antwort war, dass sich keine stabilen Zweiergespanne ergaben, keine Henne zweimal bevorzugt neben einer speziellen anderen schlief und auch sonst offenbar keine Präferenzen gegenüber bestimmten Artgenossinnen gezeigt wurden.

Es lohnt sich, diesen Versuch genauer zu betrachten: Die Hennen stammten aus einem Aufzuchtbetrieb für Legehybride mit 20.000 Tieren. Das Aggressionsniveau in der Gruppe sei sehr niedrig gewesen, obwohl pro Gruppe nur 3 m^2 Stallfläche mit je zwei Sitzstangen zur Verfügung standen. Ziel dieser Untersuchung war, das Sozialverhalten von Hennen in industriellen Betrieben (vornehmlich Bodenhaltung) zu untersuchen, um gegebenenfalls Verbesserungen in der Haltung zu ermöglichen. So wurden auch die künstlichen Lichtverhältnisse entsprechend angepasst (15 Stunden Licht pro Tag). Es gab in der beobachteten Gruppe offenbar keine Präferenzen zwischen bestimmten Artgenossinnen.[387] Im Gegensatz zu anderen sozialen Tieren gibt es unter erwachsenen Hühnern kaum körperliche Annäherung in Form von gegenseitiger Körperpflege oder Fütterung, die über das Imponiergehabe der Hähne hinausgeht. Ein tolerantes Miteinander scheint das höchste zu sein, was Hühner für uns sicht- und messbar an Freundschaft zeigen. In großen Gruppen wird weniger Aggression beobachtet, was auch daran liegen kann, dass man schlichtweg versucht, mit allen auszukommen.[388]

Das Ergebnis mag verwundern: Wer selbst Hühner

hat, kann vermutlich auf Anhieb solche *Freundinnen* aus der Schar benennen, die offenbar lieber Zeit *miteinander* verbringen als mit anderen aus der Gruppe. Immer wieder gibt es auch Grüppchen, die sich so gut wie nie trennen. Häufig sind solche Freundinnen oder Geschwister gemeinsam zu einer bestehenden Schar dazugestoßen. Auch scheinen »Schlafgemeinschaften« doch eher stabil zu sein, so wie man es auch bei den Bankivahühnern beobachtet hat, deren Gruppen im Großen und Ganzen wenigen Veränderungen unterworfen sind. Die gemischte Struktur der typischen Hobby- bzw. kleinbäuerlichen Hofhühnerscharen hat wohl einen größeren Einfluss auf das Sozialverhalten, fehlte jedoch bei der untersuchten, in riesigen industriellen Brütereien aufgezogenen Hühnergruppe, gänzlich.

Die Gabe, andere Individuen unterscheiden zu können, ist die Voraussetzung, Sozialbeziehungen einzugehen, Hierarchien aufzubauen und unterschiedlich auf bekannte und unbekannte Artgenossinnen und Artgenossen zu reagieren. Hennen können einander – zumindest in Gruppen von bis zu hundert Artgenossinnen[389], die einen gewissen Einsatz der Sinnesleistungen noch erlauben (!) – individuell unterscheiden.[390] Eine Gruppengröße von maximal dreißig Individuen scheint auf den ersten Blick dem natürlichen Sozialverhalten am nächsten zu kommen, doch haben Experimente ein interessantes Ergebnis zutage gebracht: Es hat sich gezeigt, dass – falls genügend Platz vorhanden ist – der Stresslevel bei Gruppen von achtzig Tieren geringer ist als in Gruppen von vierzig bis sechzig Tieren, da eine gewisse Anonymität besteht und die Hierarchie offenbar nicht immer neu verhandelt werden muss: vorausgesetzt, es gibt genügend Platz, um einander auszuweichen.[391]

Andere Autorinnen und Autoren empfehlen für die industrielle Haltung eine Unterteilung großer Gruppen in kleinere mit sechzig bis neunzig Tieren.[392] Ab einer Gruppengröße von ca. 120 erkennen die Vögel einander nicht mehr, und es wird kein kognitiver Aufwand mehr in die Wiedererkennung von Artgenossinnen investiert. Das schottisch-schwedische Forscherinnenduo D'Eath und Keeling stellte 2003 fest, dass sich in so großen, anonymen Gruppen keine feste Rangordnung bildet, sondern Hierarchien im direkten Kontakt gezeigt werden, wobei Hennen mit größerem Kamm und Körpergewicht den anderen überlegen sind.[393] Laufen Hühner also in Bodenhaltung aneinander vorbei, können sie wohl (oder übel) die Rangordnung erst anhand der Körpersprache des Gegenübers klären. So kommt es, dass die stärkeren Hühner auf die schwächeren automatisch aggressiver zugehen – ähnlich wie bei Fremden in der U-Bahn einer Großstadt.[394] Im Falle begrenzter Ressourcen (z. B. Futter oder Sandbäder) ist dieser Zustand alles andere als optimal.[395] Um das Wohlergehen aller Tiere zu gewährleisten, müssen also entweder genügend Ressourcen zur Verfügung gestellt werden oder aber kleinere Gruppen zusammenleben, die eine stabile Rangordnung aufbauen können.[396]

Man hat festgestellt, dass Hühner einander auf kurze Sichtdistanz besser zuordnen können. Dazu ist besonders der Kopf wichtig, der am besten aus einer Distanz von 15cm erkannt wird. Bei einer größeren Entfernung erkennen Hennen einander anscheinend schlecht bis gar nicht, wobei nicht klar ist, wie unterschiedlich die in den Studien beobachteten Tiere im Gesamterscheinungsbild waren (Gefiederfarbe, Größe ...) und ob sie sich solch genereller Anhaltspunkte nicht auch bedienen könnten. Die Nähe von bekannten Vögeln wird der von unbekannten vorgezogen, wobei nach einigen Stunden die Meidung fremder Vögel deutlich abnimmt.[397] Man gewöhnt sich aneinander.

Hackordnung

Während die Gruppe eine Schutzfunktion für jedes einzelne Mitglied hat, birgt sie wiederum andere Gefahren, allen voran die, Fressfeinden eher aufzufallen oder aber innerhalb der Gruppe Konflikte austragen zu müssen. Bei Hühnern ist der soziale Rang ein elementares Thema. Bei der *Hackordnung* geht es z. B. darum, wer zuerst zum Futter gehen oder auf der höchsten Sitzstange sitzen darf.[398] Der Begriff verrät bereits, dass diese Rangordnungskämpfe mitunter recht rau sein können. Es gibt aber auch Gruppen, in denen wenig Aggression zu beobachten ist, selbst wenn sie mit anderen gemischt werden.[399] In manchen Konstellationen kämpfen die Tiere wiederum mit Krallen und Schnabelhieben. Dabei kann es auch blutig zugehen.

Als ich eines Tages in unseren Stall ging, war ich ernsthaft geschockt. An der Rückwand, gleich oberhalb der Sitzstange, war ein Blutfleck in der Größe einer zerquetschten Tomate zu sehen. Das Blut war weit gespritzt, als hätte sich in unserem beschaulichen Hühnerhaus ein Splatter Movie abgespielt. Ich inspizierte den Stall und alle Nester auf der Suche nach einem Huhn, dem zumindest der Kopf halb abgetrennt sein würde. Unsere Bestandszahl war damals noch sehr überschaubar, und ich hatte nach einigen Minuten alle zehn Hühner gefunden: sicher und unverletzt. Was war hier passiert? Am Abend wagte ich dann eine genauere Inspektion, noch immer der Meinung, unsere Hühner müssten eine Schwerverletzte in ihren Reihen haben. Ich tastete jedes einzelne Tier genau ab, ich suchte unter den Flügeln nach Fleischwunden und im Ge-

fieder nach Blutspuren. Nichts. Erst beim dritten Durchgang entdeckte ich auf dem Kamm einer Henne zwei kleine verkrustete Wunden, beide etwa in der Größe eines Stecknadelkopfes. Doch mehr war da nicht. Das Huhn hatte noch seinen Kopf. Und als ich mir diesen genauer ansah, bemerkte ich am Schaft des Kamms ein paar geronnene Blutspuren. Das war alles. Wie kann ein Tier nur so stark bluten, dass es den gesamten Stall vollspritzt und am nächsten Tag ist davon eigentlich gar nichts mehr zu sehen?

Ein Huhn kann es sich nicht leisten, Schwäche zu zeigen. Blutende Wunden, besonders an Kamm und anderen Hautlappen, die für unsere Hühner so markant sind, heilen in Windeseile.[400] Das ist günstig, weil manche Hühner dazu neigen, auf Rot zu picken, auch wenn es sich um die Wunde einer Artgenossin handelt. Außerdem ist der Blutfluss so schnell gestillt, dass sich keine Fliegen darauf niederlassen können. Natürlich ist dies leider nicht bei allen Verletzungen der Fall. Doch bemerkt man den schlechten Zustand eines Huhns mitunter deshalb erst (zu) spät, weil eine solch ausgeprägte Hierarchie wenig Gnade mit den Schwächeren zeigt. Krankheit birgt die Gefahr, in der Rangordnung abzusteigen, da der Status ins Wanken gerät. Es ist darüber hinaus mühsam – ist man erst einmal unten angekommen – die Karriereleiter wieder hinaufzusteigen.

Für Haushähne bedeutet der Sturz vom »Thron« einen noch viel tieferen Fall, weshalb Hähne besonders schwierige Patienten sind. Ein Haushahn zeigt keinen Schmerz und auch sonst keine Schwäche, bis es gar nicht anders geht. Und dann kann es plötzlich sehr schnell passieren: Der nächste in der Hierarchie fordert ihn zum Kampf, und dabei kann es tatsächlich zu schweren Verletzungen bis hin zum Tod des Unterlegenen kommen. Ist der Despot krank, gewinnt meistens der Herausforderer. Als ich selbst Zeugin solcher Machtumbrüche war, fühlte ich mich beide Male gezwungen einzugreifen: Einmal, indem ich dem Unterlegenen einen Fluchtweg freimachte, damit er sich in eine sichere Distanz von fast fünfzig Metern bringen konnte. Er wurde danach auch nicht mehr im Stall geduldet. Das zweite Mal, als der Sieger von damals schließlich selbst in die Jahre gekommen war, ein Krebsgeschwür entwickelt hatte und ihn sein Sohn herausforderte. Der Junge gewann die kurze Auseinandersetzung, begleitet durch Flügelschlag und Spornhiebe, und trieb den Alten schließlich in ein Zaungeflecht, wo er ihn am Boden fixierte. Federn und Gewebeteile flogen durch die Luft. Er hieb mit dem Schnabel so lange auf seinen Vater ein, bis dieser blutüberströmt am Boden lag und ich schließlich meinen Weg in diese Szene gefunden hatte und dazwischenging.

Der Gestürzte geht – wenn möglich – ins Exil. Doch habe ich von dort noch keinen Hahn zurückkommen sehen. Der Althahn fristet fortan sein Dasein, indem er zumeist völlig allein und »vergessen« vom Großteil der Hennen dahinvegetiert. Auch ist mit regelmäßigen Angriffen durch den oder die erstarkten Nachfolger zu rechnen, oder gar durch alle anderen Hähne, egal, welchen Status diese innehaben. Zwischen der Rolle des stolzen Königs und der des gebrechlichen Seniors liegen oft nur ein paar Minuten. Ich möchte nicht behaupten, dass es immer und überall so wäre, doch in meiner Schar, wo bisher Vater und Sohn die Erbfolge einhielten, waren die Kämpfe einzig und allein am Ende einer Ära – und nur dann! – so unerbittlich, dass ich daraus meinen Schluss gezogen habe: Ein Altern in Würde ist für einen Haushahn in Rivalität mit einem Nachfolger nicht möglich.

Bankivahühner sind da milder. Ist ein Despot einmal seiner Rolle enthoben, so scheint es, als würde er sich in die Reihe der anderen subdominanten männlichen Artgenossen eingliedern und akzeptieren, dass seine große Zeit vorüber ist.[401] Von weiteren Attacken durch den Nachgerückten wird in den Quellen nicht berichtet. Kämpfe spielen sich innerhalb der Gruppe besonders zwischen Hähnen benachbarter Hierarchieränge ab. Tatsächlich werden rangniedere Hähne häufig vom nächsthöheren Hahn attackiert, besonders, wenn sie sich erlauben zu krähen.[402]

Auch bei Bankivahühnern gibt es – trotz grundsätzlich stabiler Gruppen – gelegentlich Abgänge und auch Neuzugänge. Dann wird die Rangordnung teilweise oder ganz neu ausgefochten.[403] Die Rangordnung ist grundsätzlich linear[404], lässt sich also in einer Reihe darstellen: A>B>C>D … A steht in der Hierarchie über B, B über C, C über D. Das bedeutet auch, dass A alle anderen dominiert. Die Rangordnung wird bei Hennen in Zweierkonfrontationen geklärt. Diese Kämpfe sind kostspielig, ohne einer der beiden Kontrahentinnen einen sofortigen Vorteil zu verschaffen. Es handelt sich um eine langfristige Investition, um künftig in der Gruppe und miteinander klarzukommen.[405] Ist die Rangordnung einmal bestimmt, geht es meistens wieder friedlich zu, so lange, bis ein neues Gruppenmitglied erscheint oder eines die Gruppe verlässt bzw. seine Stellung durch Krankheit oder Verletzung verliert. Wichtig ist aber – wie bei allen Haustieren mit ausgeprägter Rangordnung –, dass die Tiere genug Platz, Futterplätze und Tränken sowie Fluchtmöglichkeiten haben, um einander auszuweichen und gegebenenfalls nicht in die Enge getrieben werden zu können.[406]

Die Rangordnung unter Hennen zeigt sich z. B. dadurch, dass ranghöhere Individuen die anderen von ihrem bevorzugten Nest verdrängen bzw. ihnen den Zugang zu ihrem Nest verweigern.[407] Die Anwesenheit von Hähnen reduziert die daraus resultierende Eiablage abseits des Nests –

meist auf dem Boden –, weil ein wachsamer Hahn die Angst bei rangniederen Hennen, ein Nest zu beschreiten, zu reduzieren scheint.[408] Das ist mit ein Grund, weshalb es gut ist, zumindest einen Hahn in der Hühnerschar zu haben: als Mediator. Es wurde sogar empfohlen, ein bis zwei Hähne pro 60 bis 90 Hühner in Bodenhaltungsformen zu halten, um die Aggressivität unter den Hennen zu mindern[409], doch hat sich diese Haltung, wohl aus ökonomischen Gründen, nicht durchgesetzt. In vielen Rassezuchtstämmen ist die Verteilung der Geschlechter ähnlich wie in freier Natur, sie liegt meist zwischen 1:1 und 1:4. Wenn mehrere Hähne und Hennen gemeinsam gehalten werden, muss genug Platz sein, um einander auszuweichen. Ist das Platzangebot zu gering, kann der dominante Hahn ansonsten die subdominanten Rivalen zu leicht in die Enge drängen. Nachteilig an Gruppen mit mehreren Hähnen können einerseits die oben erwähnte sexuelle Belästigung sein, und andererseits besteht die Gefahr, dass eine oder mehrere Hennen zu glucken beginnen.

Glucken

Wer kann es den Füchsen verübeln, dass sie für ihre Jungen Nahrung suchen und dafür jedes Risiko eingehen? Als im Mai wieder einmal ein Huhn fehlte, und am nächsten Tag seine Schwester, machten wir uns eilig daran, neue Schwachstellen im Zaun ausfindig zu machen und wieder zu reparieren. Um beide Hühner tat es uns leid, sie waren freundliche Schönheiten mit einem adretten Schopf gewesen. Nach drei Wochen meinte mein Mann, eine der beiden am Futterspender gesehen zu haben. Ich gebe zu, ich glaubte ihm das nicht ganz, war es doch immer wieder zu

Verwechslungen unserer Hühner seinerseits gekommen (auch mir war das schon passiert, aber nicht so häufig).

Doch wir staunten nicht schlecht, als eine der beiden Totgesagten zwei Tage später tatsächlich am Futterspender erschien. Nur diesmal in Begleitung: Es waren zehn kunterbunte, winzige Küken, die sie mitbrachte. Sie konnten erst einen Tag alt sein, waren wunderschön, blitzschnell und ihre Mutter erwies sich als absolute Vorzeigeglucke. Die quirlige Schar hatte sie ununterbrochen im Blick, sie dirigierte ihre Kinder mit kurzen, sehr prägnanten Lauten und schaffte es, alle zehn jederzeit mit einem absolut unverwechselbaren Glucksen unter sich zu versammeln, sodass kein Daunenspitzelchen mehr zu sehen war. Dabei plusterte die Henne ihr Gefieder auf, spreizte ihre Flügel und schaute so finster, dass man sich ihr keinesfalls nähern wollte (Abbildungen 8.1 und 8.2). Sie musste sich drei Wochen lang im Gebüsch versteckt haben, denn wir hatten sie überall gesucht. Da brütende Hennen so gut wie nichts fressen und auch sehr wenig trinken, war sie wahrscheinlich nur frühmorgens an der Tränke, wenn wir noch schliefen, und danach den ganzen Tag nicht zu sehen gewesen.

Hat eine Henne die Möglichkeit, ihre Eier in einem Nest zu sammeln, legt sie jeden Tag eines dazu. Ist das Gelege einmal fertig (die Zahl der Eier variiert), lösen hormonelle Umstellungen im weiblichen Körper das Brutverhalten aus. Das Verhalten ist stereotyp, läuft also nach einem bestimmten Muster ab, und hat nicht umsonst zur Bezeichnung von besonders vorsichtigen oder aber offensiv beschützenden Menschenmüttern als *Glucken* geführt. Die Henne setzt sich breit auf die Eier, maximal so viele, wie unter ihren Körper passen. Es soll Haushennen geben, die schon 20 Eier ausgebrütet haben.

Ob es sich dabei um ihre eigenen oder fremde handelt, ist für die werdende Mutter uninteressant. Manche rupfen sich die Federn auf dem Bauch aus, um ihre Körperwärme noch näher an die Eier zu bringen. Beim Bankivahuhn ist das Gelege nicht größer als 5 bis 7 Eier – wird das Gelege geraubt, beginnt die Henne manchmal, Eier nachzulegen.[410]

Der Bruttrieb wurde den meisten Legerassen abgezüchtet. Seit es Brutautomaten gibt, braucht man die Bebrütung durch eine Glucke ja nicht mehr unbedingt. Das Brutverhalten ist individuell und rassetypisch mitbestimmt: Es kann also passieren, dass eine Henne, von der man es nicht erwartet hatte, sobald sie geschlechtsreif ist, zu brüten beginnt. Es kann aber natürlich auch das genaue Gegenteil eintreten und die erhoffte Supermutter will einfach nicht glucken. Wenn eine Henne aber *gluckt*, ist das, wie wenn man einen Schalter umlegt. Es sei davon abgeraten, eine solche Henne zu berühren oder ihr ohne Handschuhe die Eier wegnehmen zu wollen. Mit aufgestellten Halsfedern stößt sie nicht nur tiefe gurrende Glucklaute aus, sondern faucht und schreit, wenn man nach ihr oder den Eiern greift, und sie schlägt mit dem Schnabel nach dem vermeintlichen Feind. Auch das Umsetzen in andere Nester lässt sich meistens nicht widerstandslos vollziehen, denn die Glucke akzeptiert Veränderungen nur äußerst unwillig. Oft ist das aber notwendig, denn andere Hennen wollen ihre Eier wiederum nur ungern in unbekannte Nester legen und so sammeln sich unter einer brütenden Henne schnell einmal die Eier der ganzen Hühnerschar an, die ungünstigerweise unterschiedlichen Legedatums sind. Und das kann problematisch werden.

Beim wilden wie beim zahmen Huhn dauert die Bebrütung 19 bis 21 Tage und beginnt mit dem Einfluss der Körperwärme. Davor entwickelt sich im Ei noch nichts. Da Hennen in diesem *brütigen* Status keine Eier mehr legen und auch das Fressen einstellen, hat man seit jeher versucht, Hennen zu *entglucken*. Dafür wurden sie nicht selten übelst misshandelt, in Wasser getaucht wie beim *Waterboarding*, an den Füßen in der Luft herumgewirbelt, jedenfalls aber in Todesangst versetzt. Durch diese massive Angst erleiden die Hennen einen Schock und die Hormonumstellung wird (manchmal) rückgängig gemacht. Ein gewisser Sadismus ist beim Entglucken aber stets dabei, denn manche Halter scheinen ihre Hennen schlichtweg dafür bestrafen zu wollen, dass sie ihrem Trieb erliegen. Dabei läuft hier ein völlig normales Programm im Tier ab: das Sich-Vermehren und Beschützen seiner Brut. Es reicht üblicherweise, der Henne die Eier wegzunehmen, sie immer wieder aus dem Nest und aus dem Stall zu setzen. Den Bauch zu kühlen, kann auch helfen, etwa mit Coolpacks aus dem Kühlschrank. Früher oder später wird sie das Brüten wieder aufgeben. Die Tiere zu quälen, ist keinesfalls vertretbar.

Die Glucke dreht ihre Eier nach einem speziellen Schema mehrere Male am Tag um, damit sie von allen Seiten gleich lang bebrütet werden. Sie verlässt das Nest nur zum Trinken und frisst so gut wie nichts. So wie ihre wilden Vorfahren kann eine Henne in dieser Zeit stark an Gewicht verlieren und auch mausern. Einige Tage vor dem Schlupf beginnen die Küken mit der Außenwelt – ihrer Mutter und den Geschwisterküken in Schale – zu kommunizieren. Dies ist der Beginn eines gesprächigen Hühnerlebens.

Durch das Piepsen im Ei koordinieren die Küken ihren Schlupf. Denn nur, wenn alle mehr oder weniger gleichzeitig schlüpfen, kann die Mutter sich um den gesamten Nachwuchs kümmern. Als Nestflüchter müssen sie sofort ins Leben starten, selbst fressen und trinken. Würde ein Küken später schlüpfen, so müsste die Glucke noch auf dem einzelnen Ei sitzen bleiben, damit es sich fertig entwickeln kann. Doch wenn alle Jungen innerhalb weniger Stunden schlüpfen, kann die Mutter sich in gleicher Weise um die Sicherheit aller kümmern.[411] Die frisch geschlüpften Küken erkennen ihre Mutter nur an den Gluckgeräuschen, die sie schon im Ei gehört haben. Wesentlich wichtiger ist aber die optische Orientierung: Küken werden auf das nächste größere Objekt geprägt, das sich bewegt. Sie sind daher sehr leicht *fehlzuprägen* auf Menschen, Hunde, Katzen, andere Vögel oder Roboter.[412] Die Glucke hingegen erkennt ihre Küken daran, dass sie ihr nachlaufen.[413] Deshalb kann man Glucke und Eintagsküken noch leicht zusammenbringen, sie einander sozusagen *unterjubeln*, damit die Küken versorgt sind. Beide Seiten werden es nicht bemerken. Sofern eine solche Adoption innerhalb der ersten Lebenstage passiert, gibt es üblicherweise keine Probleme.

Die Glucke führt die Kinder, unmittelbar nachdem sie getrocknet sind, zu Futter und Wasser. Sie kann ihre Jungen zwar nicht so füttern, wie es z. B. Singvögel tun, doch kümmert sie sich unvergleichlich aufopfernd. Wie von Elsie und Nicholas Collias in den Wäldern Südostasiens beobachtet, steuern Bankivahuhnmütter ihre Küken mit der Stimme, wenn Gefahr droht. Diese bleiben dann mitunter reglos geduckt am Boden und verschmelzen dank ihrer perfekten Tarnung mit dem Untergrund.[414] Die Henne lenkt Fressfeinde ab, kommt im guten Fall zurück und gibt Entwarnung. Haushühner lassen ihre Jungen eher nicht allein, sondern rufen sie zu sich, worauf sie alle unter die Mutter flüchten. Diese nimmt es dann mit jeder Bedrohung auf: Bei Annäherung durch eine andere Henne oder bei anderer potenzieller Gefährdung reagiert die Glucke bereits ab einer Distanz von etwa 3,5 m. Sie spreizt ihre Schwanzfedern zu einem immer größeren Fächer, plustert sich immer mehr auf und geht im schlimmsten Fall zum Angriff über.[415]

Auch senden die stets wachsamen Glucken Ruherufe aus, wenn der Moment für eine Auszeit gekommen ist. Diese zählen zu den niedrigfrequentesten Lautäußerungen der Hühner.[416] Wie auf Abbildung 8.1 und 8.2 zu sehen, schlüpfen die Küken dann unter die Mutter, wo sie geschützt eine gemeinsame Pause machen (bei der sich auch die Glucke ausruhen kann) bzw. die Nacht verbringen.

Abbildung 8.1 und 8.2: Diese Glucke sitzt auf ihren 10 Küken. Mehrmals täglich ruft die Henne ihre Kinder zur Ruhepause.

Das zuvor beschriebene *Tidbitting* kommt auch bei Glucken vor, die ihre Küken rufen. Wo sich die Jungen gerade befinden, hat Auswirkung auf Lautstärke und Intensität der Gluckenrufe: Je weiter weg, desto lauter die (Lock)rufe. Küken werden darauf konditioniert. Mit der Zeit erhöht sich die Geschwindigkeit, mit der sie auf die rufende Glucke zulaufen.[417] Wenn ihre Küken schließlich schon beim Fressen sind, werden auch die Lockgeräusche der Mutter leiser. Futterrufe sind bei Hennen, die nicht glucken, kaum zu beobachten.[418] Von ihrer Mutter lernen die Jungen, was essbar ist und was nicht. Die Glucke ruft, wenn sie Futter gefunden hat, und wirft es – ähnlich dem *Tidbitting* des Hahns – den

Küken vor den Schnabel. Sie selbst verzichtet oft zugunsten ihrer Kinder. Zwar haben Küken instinktiv einen Blick für Genießbares, doch hilft die Glucke sehr bei der schnellen Entwicklung des richtigen Fressverhaltens.

Kampf und Körpersprache

Innerartliche Kommunikation tritt bei Hühnern einerseits in Form von Körpersprache als auch in einem komplexen System von Lautäußerungen auf – einige Beispiele wurden schon genauer erläutert. Ein besonders plakatives Beispiel der Hühnerkörpersprache stellt das intensive Schauspiel des Hahnenkampfes dar. Am Beginn stehen manchmal – für uns Menschen – undeutliche, sogenannte »irrelevante« Verhaltensmuster, die in der Situation scheinbar fehl am Platz sind: Zum Beispiel suchen Hähne in Anwesenheit eines potenziellen Gegners nach Futter, scharren ein wenig in der Erde herum, verschlucken das ein oder andere Korn oder beginnen plötzlich mit der Gefiederpflege.[419] Hähne, die keinen geeigneten Untergrund zum Bodenpicken vorfinden, zeigen sich alarmiert und daher abgelenkt. Das Picken hingegen hält den Vogel in seiner Spur und stärkt die Kampfbereitschaft.[420]

Vermutlich hat sich Bodenpicken entwickelt, damit der Hahn sich vollkommen auf das Kampfgeschehen konzentrieren kann, da es dabei im schlimmsten Fall um Leben oder Tod geht.[421] Doch das kann bereits der Anfang eines ernst zu nehmenden Gefechts sein. Die Hähne nähern sich zuerst seitlich an, dabei kann gelegentlich auch das oben erwähnte *Walzern* auftreten. Eine Attacke kann sehr schnell und unerwartet kommen. Der Hahn springt mit den Krallen voran los, der Schnabel hackt alsbald auf das überraschte Gegenüber ein. Dem Angegriffenen bleibt in dieser Phase nur, sich so schnell es geht zu wehren oder Reißaus zu nehmen. Die frontale Annäherung besteht darin, dass die Hähne einander dann Auge in Auge gegenüberstehen. Sie senken die Köpfe, starren einander an und recken das Halsgefieder auf, bis daraus eine Federkrause geworden ist, die dem Gegner die Sicht auf den Körper des anderen verstellt. Die Tiere drehen sich dann im Kreis, sie tänzeln, bis einer wieder losstürmt. Sodann fliegen und springen sie mit Krallen und Schnabelhieben aufeinander los.[422] Bei Bankiva- und Haushühnern treten mitunter Verletzungen auf, tödlich endet eine solche Konfrontation unter natürlichen Bedingungen so gut wie nie.[423]

Das Kämpfen der Hähne zeigt sich schon recht bald und unterscheidet sich von so manchen kleineren Reibereien unter Küken durch die ritualisierte Form und das Getänzel. Ab dem 120. Lebenstag, also mit ziemlich genau vier Monaten, zeigen Hähne ein vollständig ausgeprägtes Sexualverhalten. Sie *treten* nur noch Hennen (davor bespringen sie auch Hähne) und festigen ihren Rang in der Gruppe. Die oben beschriebenen Rangkämpfe treten auf, bis die Hierarchie abgesteckt ist. Danach verläuft das Leben in der Schar über lange Strecken ruhig.

Erwähnt sei hier auch noch das Flügelschlagen: Hähne schlagen in verschiedenen Situationen mit den Flügeln, etwa vor dem Krähruf. Die Häufigkeit des Flügelschlagens korreliert positiv mit dem Paarungserfolg eines Individuums.[424] Es wird generell dem Ausdruck positiver Emotionen und dem Komfortverhalten zugeschrieben[425], doch kann es anderen gegenüber auch die Einleitung aggressiven Verhaltens, das auch schon Küken zeigen, bedeuten.[426] Bei Hennen kommt es in diesem Zusammenhang nicht vor. Hennen kämpfen nur äußerst selten miteinander. Meistens reicht eine drohende Geste oder ein kurzes Picken auf den Kopf des Gegenübers, um die Rangordnung zu manifestieren.[427]

Von »Piep!« bis »Roaaaaar!«

Die vokale Sprache der Hühner steht vermehrt im Zentrum der Forschung: Es stellte sich heraus, dass ihre Lautäußerungen sowohl *referenziell* (also etwas bezeichnend, sozusagen namensgebend) als auch *willentlich* (mit Entscheidungen verbunden, ob man rufen oder antworten soll) sind.[428] Darin liegt auch die eigentliche Faszination des Themas: Hühner *sprechen* tatsächlich miteinander. Etwa 25 verschiedene Arten von Hühnerlauten wurden allein beim Bankivahuhn identifiziert[429], ca. zwanzig beim Haushuhn.[430] Es wird sogar berichtet, dass Hühner für *ihre* Menschen verschiedene Rufe verwenden, ihnen also *Namen* geben[431], wobei es sich dabei mehr um Anekdoten als um wissenschaftliche Studien handelt – was ihren Wahrheitsgehalt nicht schmälern muss. Tatsächlich gibt es noch viel wissenschaftlichen Forschungsbedarf.

Bei Vögeln unterschiedet man grundsätzlich Gesang und Rufe. Der Gesang ist den männlichen Tieren vorbehalten, seine Funktion liegt in der Absteckung der Reviergrenzen und der Repräsentation gegenüber den Weibchen. Adressaten sind also sowohl andere Männchen (vermeintliche Konkurrenten) als auch das andere Geschlecht. Im Grunde genommen ist es bei Hühnern genauso. Dabei ist das Krähen ein besonders lauter Gesang, richtet sich aber in erster Linie an andere Hähne. Die Weibchen scheinen sich bei der Bewertung der Hähne weniger an deren Stimme zu orientieren als viel mehr an ihren optischen und sozialen Qualitäten. Anhand von Versuchen, bei denen Hühnern beiderlei Geschlechts das Krähen von dominanten und subdominanten Hähnen per Playback vorgespielt wurde, fand man heraus, dass diese anhand des Gesangs aus dem Lautsprecher den Status des jeweiligen Sängers erkannten.[432] Dominante Hähne krähen nicht nur deutlich mehr, sondern auch anders als rangniedere. Das macht Sinn, da anhand dieser akustisch transportierten Information über den eigenen Status die Rangordnung nicht immer in Kämpfen, die energieaufwendig und riskant sind, ausgefochten werden muss.[433] Für unsere Menschenohren ist dieser Unterschied nur in Frequenzspektren messbar. Dabei fällt auf, dass beim Gesang dominanter Hähne die erste und dritte Silbe des viersilbigen Gesangs (Ki-ke-ri-ki) signifikant höher sind als bei rangniedern.[434] Das Krähen wird weniger von den weiblichen und rangniederen männlichen Artgenossen beachtet – deren Anwesenheit wirkt sich auch nicht auf die Frequenz des Krähens aus.[435] Es stachelt jedoch mitunter andere potenzielle Statusanwärter an, den Ranghöchsten zu fordern.[436]

Die Lautstärke des Hahnengesangs verweist auch auf die Größe der Reviere in den ursprünglichen Habitaten, in denen sich das Bankivahuhn entwickelt hat. Dort dient er der Demonstration der Territorialgrenzen.[437] Krähen kostet den Hahn nicht viel Energie und Sauerstoff[438], birgt aber andere Gefahren: zum Beispiel, die Aufmerksamkeit eines potenziellen Fressfeinds auf sich zu ziehen oder von einem höherrangigen Artgenossen attackiert zu werden.[439] Die Forscher und Forscherinnen, die sich dem Bankivahuhn in freier Wildbahn widmeten, machten die sehr scheuen Tiere leicht anhand des morgendlichen Krähens der Hähne auf deren Schlafbäumen aus.[440] Der Häufigkeit und Dauer des Krährufs haben wir uns im Kapitel »Ein ganz normaler Tag im Leben eines Raptors« schon zugewandt. Haushühner krähen viel häufiger als ihre wilden Vorfahren, besonders auch untertags: Es schadet ihnen nicht, sind sie doch auch den Gefahren des wilden Lebens nicht mehr ausgesetzt. Da in freier Wildbahn durch das Krähen nicht nur das Revier des Despoten abgesteckt, sondern auch die ganze Gruppe geortet werden kann, stellt der dominante Bankivahahn das (abendliche und morgendliche) Krähen ein, wenn am Vortag Gefahr drohte – etwa durch Menschen oder andere Landräuber, die auf dem Schlafplatz potenziell bedrohlich sein könnten.[441] Daran lässt sich erkennen, dass auch Hähne diesbezüglich nicht einfach Sklaven ihrer Instinkte sind, sondern situationsbezogen ihr Verhalten anpassen können.

Das Krähen beim Haushahn ist – direkt an der Schallquelle – bis zu 144 dB laut und dauert im Schnitt zwei bis drei Sekunden.[442] Warum moderne Haushühner häufiger krähen, spiegelt vermutlich die – wenn auch noch nicht gezielt praktizierte – Zuchtauswahl wider, als Hähne vornehmlich zu kultischen Zwecken gehalten wurden und laut und lang krähende Hähne besonders geschätzt waren.[443] Auch gibt es Rassen, die heute noch auf diese Qualitäten hin gezüchtet werden: die sogenannten Langkräher. Ihr Krähen dauert zwischen 20 und 60 Sekunden. Das lange Krähen wird durch Veränderungen an mehreren Genen bedingt – die genaue Entstehung der Langkräherrassen und der Weg ihrer Verbreitung ist bisher unklar. [444]

Abbildung 8.3: Jean Bungartz: Bergische Kräher

Während ein Teil der Menschheit danach trachtete, das Krähen noch länger und länger erschallen zu lassen, empfinden es viele Menschen als unangenehm. So wie früher gibt es auch heute viele, die eher von Hahnengeschrei als von Vogelgesang sprechen. Bekannt sind inzwischen auch die Gerichtsfälle, die mit krähenden Hähnen einhergehen. Nicht nur der frisch zugezogene Hahn ist dabei Ursache vieler Nachbarschaftsstreitigkeiten, sondern immer häufiger auch Menschen, die das idyllische und vor allem ruhige (!) Landleben suchen. In Deutschland, Österreich und der Schweiz sind die Gerichte öfter mit solchen Fällen beschäftigt als man vielleicht annehmen würde. Wer den Prozess gewinnt, ist nicht immer so klar, wie es für Außenstehende scheinen mag. In der Schweiz etwa durfte ein neu angeschaffter Hahn namens Güggel, gegen den drei Nachbarn Beschwerde einreichten, mit der Auflage, eine neue, schalldichtere Stalltür zu bekommen, bleiben. Die Nachbarn hatten gezählt, dass er in einer Stunde 44-mal gekräht hatte (im Schnitt aber nur zehnmal), und das mit einer Lautstärke von 84 dB – so die Messungen der Nachbarn.

Ein Blick nach Frankreich: Als man bemerkte, dass Großstädter im Zuge der ersten Covid-Pandemiewelle vermehrt das Grüne suchten, mit der dortigen Geräuschkulisse aber nicht leben wollten und daher per richterlichem Beschluss die ansässigen Hähne loszuwerden trachteten, erklärte Frankreich das ländliche Krähen schlichtweg zum Kulturerbe. Anstoß war ein Rechtsstreit rund um Hahn Maurice auf der Atlantikinsel Oléron. Mit dem Entscheid sprach man nicht nur dem tierischen Symbol der *Grande Nation* die Treue aus, sondern bewahrte die Gerichte vor einer Flut entbehrlicher Prozesse.[445] Der französische Gesetzeserlass war Anstoß für ähnliche Initiativen in ganz Europa, die nach diplomatischen Lösungen suchen, das ländliche Sinneserbe zu bewahren.

Bereits im Ei beginnen Küken zu piepsen. Kaum geschlüpft, beginnt sich die Kükensprache bereits merklich zu differenzieren. Melissa Caughey, Hühnerfan und -bloggerin, beschreibt in ihrem Buch *How to speak chicken* vier grundsätzliche unterschiedliche Kükentöne für Stress, Freude, Kontaktaufnahme und Entdeckungen.[446] Sie alle klingen für unser Ohr wie Piepsen oder Trillern, wenn auch in unterschiedlicher Tonhöhe und Schnelligkeit.[447] Erst kurz vor der Geschlechtsreife hören Jungtiere mit dem Piepsen auf und bedienen sich des gesamten Vokalrepertoires, das sie sich in der Adoleszenz schrittweise angeeignet haben.[448]

Hühner verfügen über ein breites Repertoire an Alarmrufen. Sie senden dabei Informationen über Art und Gefährlichkeit der Bedrohung aus. So gibt es unterschiedliche Rufe für Räuber aus der Luft und auf dem Land: z. B. »Roaaaar« beim Hahn bei nicht unmittelbar gefährlicher Bedrohung aus der Luft.[449] Hähne sind grundsätzlich wachsamer als Hennen und interessierter an neuen und unbekannten Stimuli – schließlich haben sie die Wächterfunktion evolutionär in die Wiege gelegt bekommen.[450] Wird ein Raubvogel bemerkt, stößt meist zuerst der Hahn einen schrillen Ton aus, der dann von lautem – man kann es nicht besser ausdrücken – alarmierendem Geschrei, das an ein schrilles Trompeten erinnert, gefolgt wird.[451] Die ganze Hühnergruppe nimmt den Alarm auf und macht mit. Wir Menschen nehmen diese Rufe selbst als große Aufregung wahr, was die Beobachtung von Collias und Collias bei den Bankivahühnern bekräftigt, die von artenübergreifenden, also »universell« verständlichen Warnrufen bei Erscheinen potenzieller Gefahr berichten.[452] Inzwischen weiß man, dass Vögel die Bedeutung der Warnrufe anderer Arten durch Beobachtung ihrer Artgenossen erlernen.[453]

Hähne stoßen wesentlich häufiger und auch lautere Alarmrufe aus als Hennen, was sich durch einen Zusammenhang zwischen diesem Verhalten und dem männlichen Hormon Testosteron erklären lässt.[454] Doch beschränkt sich der Hahn auf einen einzigen der schrillen Anfangstöne, um nicht selbst geortet zu werden, schreit dann, wenn die Schar in das Warnkonzert eingestimmt hat, aber fleißig mit. Auch warnen Hähne deutlich öfter, wenn sie sich selbst nicht mehr als einen Meter entfernt von einem schützenden Unterstand befinden.[455] Alarmrufe sind ein Zeichen von Dominanz: Sie werden bei Hähnen mit hoher Paarungsrate um ein Drittel öfter beobachtet als bei rangniederen Hähnen.[456] Dabei gibt es auch Publikumseffekte: Wenn ein Hahn die Anwesenheit von Hennen wahrnimmt, ruft er lauter, wenn keine in der Nähe sind, mitunter gar nicht.[457] Dies hat aber keinen Einfluss auf die Attraktivität des Rufers auf das andere Geschlecht.[458]

Alarmrufe sind ebenfalls referenziell, enthalten also für Artgenossen verständliche Informationen. Die Intensität der Rufe nimmt mit der Größe und Geschwindigkeit der fliegenden Beutegreifer zu.[459] Bei Versuchen, bei denen Hühnern Alarmrufe per Lautsprecher vorgespielt wurden, suchten diese sofort nach einem Versteck, das sie vor Angriffen von oben schützen konnte. Je größer der Vogel, desto lauter und eindringlicher der Alarm, und entsprechend schnell oder langsam suchten die Hühner Unterschlupf. Vor kleineren Falken wird nur gewarnt, wenn kleine Küken zugegen sind, denen solche Räuber gefährlich werden könnten.[460]

Der Schutz der eigenen Brut ist also ein Unterfangen, das nicht nur die eigene Glucke, sondern die ganze Schar im Blick hat. Dieser Brut ist das nächste Kapitel mit dem Titel »Unrund« gewidmet.

UNRUND

Als ich ein Kind war, war Ostern mindestens so schön wie Weihnachten. Nicht nur, weil das Wetter besser war und man sich schon viel mehr draußen aufhalten konnte, sondern, weil das Suchen der bunten Osternester und -eier, das bei uns traditionell im Garten stattfand, mindestens genauso spannend war, wie die Namenskärtchen der weihnachtlichen Pakete zu finden und zu entziffern, die Geschenke dann an die jeweiligen Personen zu verteilen und die eigenen sofort und auf der Stelle auspacken zu können. Meine Familie war eine illustre Sammlung an eingeschworenen Zeremonienmeisterinnen und -meistern. Alle hielten zusammen und keiner wollte meine drängenden Fragen jemals ehrlich beantworten. Die geheimnisvolle Stimmung rund um Christkind und Osterhasen steigerte sich ins Unerträgliche – bis dann endlich der große Tag gekommen war.

Der Osterhase hatte für mich als Nachzüglerin außerdem das Exklusivrecht auf das Eiersuchen reserviert. Und so lief ich meistens schon im Morgentau durch den Garten und suchte und suchte, unter Büschen, im Gras, auf Bäumen, an allen Enden und Ecken des Gartens, bis meine Eltern, die offenbar einen geheimen Draht zum Osterhasen hatten, mir mit Gesten und Mimik versicherten, dass die Suche beendet sei. Die Nester waren voller Süßigkei-

ten und gefärbter Eier, und bei jedem entdeckten Nest wurde mein kindliches Herz von einer kleinen Glückswelle überschwemmt.

Ich war überrascht, dass ich, als unsere Zwerghühner eingezogen waren, bei den ersten Eiern im Nest genau das Gleiche verspürte. Und noch weniger hätte ich damit gerechnet, dass auch heute noch, nach einigen Jahren der Hobbyhühnerhaltung, meine Seele einen kleinen Hüpfer macht, wenn ich ein Ei im Nest finde. Oder gar im Garten, wo das Kind in mir die Eier natürlich noch genauso finden will wie damals. Und so kann ich sagen, dass, wenn ich mit meinem Dreijährigen in den Stall gehe, um die Eier einzusammeln, und wir bei jedem Ei gemeinsam jubeln, die Reaktion auch von meiner Seite eine echte und ehrliche ist.

Die Form des Eis variiert individuell, was mit der großen Vielfalt der Haushühner zusammenhängt. Grundsätzlich ähneln die Eier aber denen des wilden Bankivahuhns, das für flugträge Vögel typische, ein wenig elliptische, relativ große, nicht besonders zugespitzte Eier legt.[461] Durch seine Form kann das Ei im Laufe der 19-stündigen Kalkschalenbildung – mit der Spitze voran – leicht den Legedarm passieren. So droht es aber zu zerbrechen, weshalb das Ei, kurz bevor es den Körper verlässt, in der Vagina gedreht wird.[462] Es gleitet also mit dem stumpfen Ende voran heraus, wo es durch die Luftkammer auch etwas besser gefedert ist. Die elliptische Form bewirkt, dass ein Ei, das davonzurollen droht, immer eine Kurve macht und dadurch meistens wieder zum Stehen kommt. Die Henne kann die Eier mit den spitzen Enden zueinander platzsparend im Nest anordnen, wodurch das Gelege mehr Eier umfassen kann, und diese dann auch einzeln wenden. Die Eiform macht es außerdem unglaublich stabil, sodass es dem Gewicht des Hennenkörpers leicht, größerem Druck aber auch noch gut standhält.[463]

Erstaunlich aber auch, wie wenig man sich die Frage stellt, wie so ein Ei eigentlich entsteht und unter welchen Umständen: Woher haben Haushühner diese Fähigkeit, Eier zu legen, unbefruchtet und ohne jegliches Zutun eines männlichen Artgenossen? Wie ist das möglich und warum passiert das überhaupt, wo die Eiproduktion dem Huhn doch so viel abverlangt? Und wie ging und geht die Menschheit mit diesem Wunder der Natur schließlich um?

Eibildung

Beim Reproduktionssystem sticht hervor, dass sich im weiblichen Fötus nur der linke der ursprünglich angelegten zwei Eierstöcke weiterentwickelt und funktional wird.[464] Das andere Ovar bleibt als Rudiment vorhanden (vgl. Abbildung 9.1-I). Dabei wird der Eierstock im Laufe der Geschlechtsreife 60 g schwer und nimmt auch viel Platz ein, bedeckt dabei Nieren und Lungen. Es sind ca. 10.000 Eizellen angelegt, von denen einige sehr langsam auf 2 mm heranwachsen. Nur einige Hundert dieser Zellen werden schließlich zu Eiern ausgebildet.[465] Täglich wächst dann während der Legeperiode eine davon zum Follikel heran, nimmt innerhalb von acht Tagen eine Größe von 40 mm (Dotter) an und ist dann bereit für den Eisprung. Gemeinsam mit den anderen Follikeln verleiht dies dem Eierstock eine traubenartige Erscheinung, wie in Abbildung 9.1-A zu sehen ist. Die primären Eizellen (Eidotter) sind die größten Zellen im Tierreich.[466]

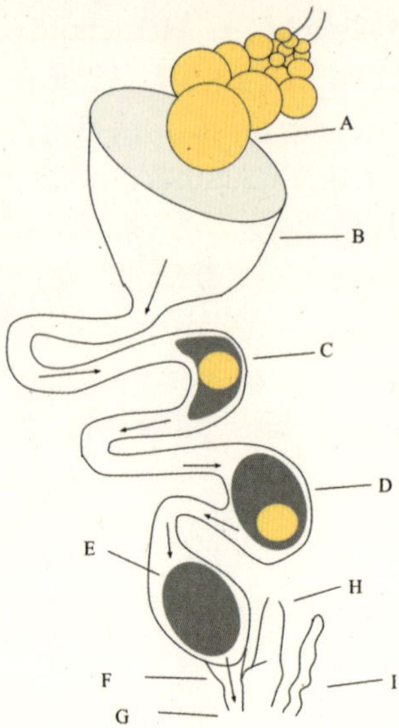

A – Ovar: (ein reifer Follikel pro Tag)

B – Infundibulum: Dotterhaut (1h)

C – Magnum: Eiklar (4h)

D – Isthmus: Eimembranen (1h)

E – Uterus: Eischale (19h)

F – Vagina: Ei dreht sich

G – Kloake: Austritt

H – Enddarm

I – Rudiment des unentwickelten rechten Ovars

Abbildung 9.1: Stationen der Eibildung in den weiblichen Fortpflanzungsorganen

Wenn der Dotter die entsprechende Endgröße erreicht hat, macht er sich auf den Weg, wie in Abbildung 9.1 dargestellt. Die Keimscheibe schwimmt oben auf dem Dotter auf. Sie ist der Ort, an dem das Ei befruchtet werden kann. Beim Eisprung fängt der Fransentrichter (Infundibulum) den Follikel auf und versieht ihn mit der Dotterhaut, die von da an Eiklar und Dotter trennt (vgl. Abbildung 9.2). Die Befruchtung findet (sofern Spermien vorhanden) im Eileiter (Ovidukt) statt, wo die – im Falle einer Begattung – aufgenommenen Spermien ca. 14 Tage lang lagern können. Aus diesem Vorrat treffen die Spermien auf den vorbeirutschenden Follikel und befruchten ihn auf der Eischeibe. Dann wird er weiter in die Magnumregion geleitet, wo eine dicke Drüsenschicht das Eiweiß um den Dotter herum formt. In der mittleren Eiweißschicht um den Dotter ist das Eiweiß zähflüssiger als ganz innen und ganz außen. Der Dotter ist mit Hagelschnüren an den Polen befestigt, die ihn in Position halten, damit er nicht an die Eiwände rutscht. Auf dem Weg zum nächsten Abschnitt wird die Eiform bestimmt.[467] Die darauffolgende Engstelle, der Isthmus, bildet aus Proteinfasern die Eimembranen. Diese lassen Wasser und Ionen, aber nicht das Eiweiß (Albumen) passieren. Die inneren und äußeren Membranen trennen sich am breiten Ende des Eis, wodurch die Luftkammer entsteht. Das Ei wird dann weiter in den Uterus transportiert, wo die Schale geformt wird. Die Eibildung dauert 23 bis 25 Stunden vom Ovar bis zum Austritt durch die Kloakenöffnung, wovon das Ei etwa 19 Stunden im Uterus verbringt.[468]

Beim Passieren des Legedarms kann es zu Einlagerungen von Blut oder Gewebeteilen im Eiklar, manchmal auch im Dotter kommen. Solche Flecken sind also keine Embryonen, sondern rühren vom Produktionsprozess im Hennenkörper her.[469] Ein bebrütetes Ei hingegen bildet bereits am vierten Tag ein dichtes Netzwerk an Blutgefäßen aus, die das Küken mit Sauerstoff versorgen, der durch die Poren in der Kalkschale eindringt.

In europäischen Haushalten wird die Qualität von Eiern besonders anhand folgender Kriterien beurteilt: Schalenfestigkeit, Eiweißkonsistenz und Dotterfarbe.[470] Die Farbe des Dotters hängt nicht direkt mit der Haltungsform zusammen, sondern ändert sich mit dem Carotingehalt des Futters, das das Huhn konsumiert hat. Sie wird anhand einer 15-teiligen Skala, dem Roche-Dotterfarben-Fächer, gemessen.[471] Carotinoide sind in Futtermitteln in unterschiedlicher Konzentration, aber auch in Gras und anderen Weidepflanzen enthalten, weshalb die Unterschiede der Dotterfarbe bei Freilandhaltung mitunter größer ausfallen.[472] Auch Mais, Luzerne, Ringelblume und Tomaten enthalten entsprechende Pigmente, doch ist die Färbewirkung auf den Dotter unterschiedlich stark, weshalb die sichtbare Dotterfarbe nicht immer etwas über den tatsächlichen Carotingehalt des Eis aussagt.[473] Da Konsumentinnen und Konsumenten orangerote Dotter besonders schätzen, wird dem Futter meistens Paprikapulver beigemengt, weil dieser den größten Effekt auf die Dotterfarbe hat. Hühner speichern außerdem Pigmente in ihrem Körperfett.[474]

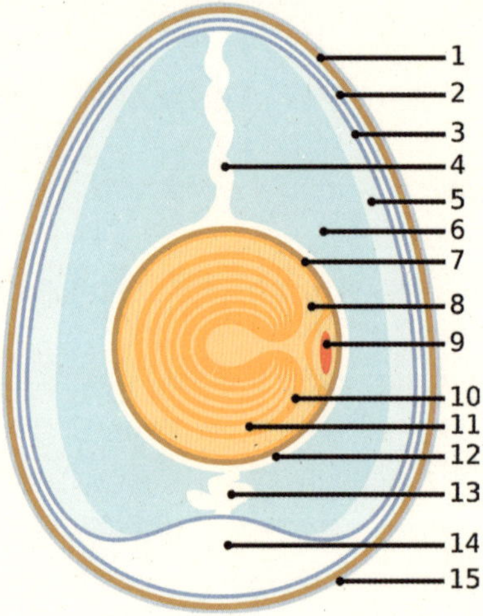

1 – Kalkschale
2 – Äußere Membran (Schalenhaut)
3 – Innere Membran (Schalenhaut)
4 – Hagelschnur
5 – äußeres Eiklar (dünnflüssig)
6 – mittleres Eiklar (dickflüssig)
7 – Dotterhaut
8 – Bildungsdotter
9 – Keimscheibe (»Hahnentritt«)
10 – Gelber Dotter
11 – Weißer Dotter
12 – inneres Eiklar (dünnflüssig)
13 – Hagelschnur
14 – Luftkammer
15 – Kutikula

Abbildung 9.2: Aufbau des Hühnereis

Das Geschlecht des Kükens wird nicht wie beim Menschen vom Vater »bestimmt«. Der Hahn hat keine männlichen und weiblichen Spermien wie der menschliche Mann, sondern hier hat die Henne das entscheidende Gen mit im (Dotter-)Gepäck. Hähne haben zwei Z-Chromosomen, Hennen ein Y- und ein Z-Chromosom. Man dachte sogar, dass das Geschlecht erst im Ei während der Bebrütung bestimmt würde. Solche Fälle gibt es bei Reptilien, etwa Krokodilen und Schildkröten, die ja bekanntlich eng mit den Vögeln verwandt sind, wobei in beiden Fällen die Temperatur geschlechtsbestimmend wirkt. Inzwischen nimmt man an, dass die Hormone der Henne während der Eiproduktion zwar eine prägende Rolle für die Küken spielen, doch das Geschlecht wird (vermutlich) nur durch die genetische Ausstattung der Eizelle selbst bestimmt.[475]

Eischale

Wie in Abbildung 9.3 zu sehen, besteht die Schale aus drei Lagen: der Membranschicht, der Palisaden- und der oberflächlichen Kristallschicht, die wiederum aus mehreren Schichten von Kalziumcarbonatkristallen besteht.[476] Die Eischale dient als Schutz und Nahrungsspeicher für den Embryo, sie ist porös und erlaubt die Passage von Luft und Wasserdampf. Das ungeschlüpfte Küken wird durch rund 9.000 Poren mit Sauerstoff versorgt, CO_2 wird abtransportiert, gleichzeitig ist der Embryo durch die Eimembranen steril »verpackt«. Für die Keimfreiheit sorgt zusätzlich die mit 1 bis 10 µm ultradünne Kutikula, ein Proteingeflecht, das Wasserverlust verhindert, die Poren vor dem Eindringen von Mikroorganismen schützt[477] und die äußerste Schicht des Eis darstellt, wie in Abbildung 9.2 und 9.3 zu erkennen ist. Auch in der Küche sollten Eier nur unmittelbar vor dem Verzehr gewaschen werden, um diese durchsichtige Schutzschicht nicht frühzeitig zu entfernen.[478] Bei einer Studie wurde 2014 gezeigt, dass gewaschene Eier häufiger und intensiver mit Salmonellen infiziert werden konnten als ungewaschene.[479] Die Haltbarkeit des Eis wird durch Wasser, aber auch die Lagerung im Kühlschrank geschmälert, da beides die Kutikula beeinträchtigt. Einmal gekühlte Eier sollte man daher keinen größeren Temperaturschwankungen mehr aussetzen.[480]

Die Eischalenfarbe ist genetisch bedingt. Das Pigment Biliverdin ist für die Färbung von grünen und blauen Eischalen verantwortlich, Protoporphyrin für rostbraune Schalenfarbe und dunkle Sprenkel.[481] Letzterem wurde bakterienabtötende Wirkung nachgewiesen, braune Eier haben außerdem eine stabilere Schale und bessere Schlüpfraten.[482] Pigmente sind bei grünen Eiern in allen Schichten der Palisadenschicht eingebaut, bei braunen und dunkelbraunen Eiern jedoch nur in den äußeren Kristallschichten. Die braune Farbe lässt sich daher leicht wegkratzen, die grüne jedoch nicht.[483] Die meisten Legehybride legen weiße oder braune Eier. Weißleger sind typischerweise leichter als Braunleger[484], jedoch verrät nicht etwa das Gefieder, sondern die Ohrscheiben die Eierschalenfarbe: Rote Ohrscheiben weisen zumeist auf braune, weiße Ohrscheiben mit großer Sicherheit auf weiße Eier hin.[485] Grünleger haben manchmal grünliche, Olivleger braun-weiße Ohrscheiben. Ausnahmen bestätigen die Regel!

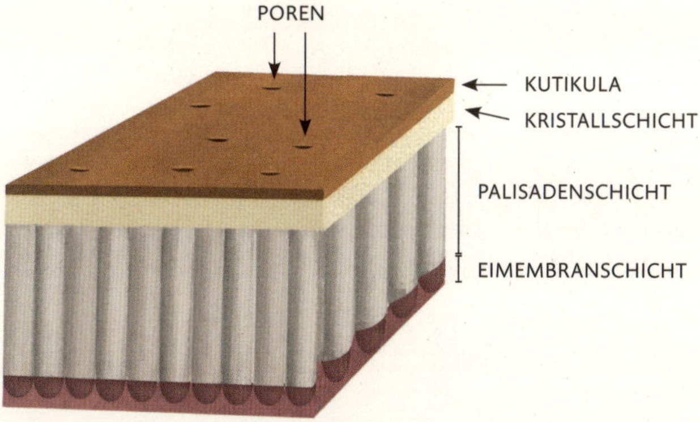

Abbildung 9.3: Aufbau der Eischale

Die harten Teile der Eischale bestehen zu 95 % aus Kalziumverbindungen.[486] Für die Produktion der Eischale eines Eis braucht es etwa 2 g Kalzium. Dieses wird zu 60 bis 80 % aus dem Darm, also aus der Nahrung, aufgenommen und mit dem Blut in die Gebärmutter transportiert. Die restlichen 20 bis 40 % werden in dieser Phase aus dem Knochen der Henne zur Verfügung gestellt. Hierzu besitzt die Henne ein spezielles Knochengewebe in den Röhrenknochen, den *medullären Knochen*. Etwa zwei Wochen vor Beginn der Legereife der Henne, im Alter von ca. 18 Wochen, bildet sich ein feines Maschenwerk, welches etwa 12 % des gesamten Knochenkalziums enthält. Das medulläre Knochengewebe trägt nicht zur Stabilität des Knochens bei, sondern dient nur als Speicher für das Kalzium der Eischale und macht dieses etwa zehnmal schneller verfügbar als das aus anderen Teilen des Knochens.[487] Befindet sich gerade kein Ei im Uterus, wird das Kalzium im Blut zum Auffüllen der zuvor entleerten Knochenspeicher genutzt. Eine Henne arbeitet so in einer Legeperiode (angenommen mit 300 Eiern) etwa 1,8 kg Kalzium um, was in etwa ihrem eigenen Körpergewicht entspricht.

Eiablage

Ein bis zwei Stunden vor der Eiablage zeigen Hennen eine gewisse Unruhe, die hormonelle Gründe hat.[488] Die Tiere suchen dann nachdrücklich nach einem Nest, wobei jede Henne ihr eigenes Nest »herrichten« oder zumindest in geringem Maß umgestalten möchte und sich nicht einfach in ein vorbereitetes setzt, ohne dieses weiter zu bearbeiten.[489] Manche Hennen scharren umständlich herum, andere zupfen nur den einen oder anderen Strohhalm aus und werfen ihn hinter sich, während sie schon sitzen. Die Eier werden dann in einem Zeitraum von fünf Minuten bis zu wenigen Stunden im Liegen, Sitzen oder Stehen abgelegt.[490] Dabei stülpt sich die Vaginalöffnung durch den After – das Ei, das sich bisher mit der spitzen Seite voran durch den Legedarm bewegt hat, dreht sich um 180 Grad längsseitig und verlässt den Körper durch die Kloakenöffnung mit dem stumpfen Ende voran, was die Gefahr der Beschädigung während der Eiablage minimiert.[491] Gleichzeitig wird durch die Ausstülpung der Vagina die Verbindung zum Darm blockiert, wodurch eine Verschmutzung des Eis üblicherweise verhindert wird.[492] Das frisch gelegte Ei ist feucht, weil die Kutikula noch nicht getrocknet ist, was aber innerhalb von ein bis zwei Minuten am körperwarmen Ei passiert.

Manche Hühner legen ihre Eier auf dem Boden ab, die meisten bevorzugen jedoch ein Nest, wobei auch hier individuelle Prioritäten für helle und dunkle Lichtverhältnisse, Einstreu etc. zu beobachten sind.[493] Wenn die Eier nicht täglich abgenommen werden, kann dies das Brutverhalten fördern.[494] Empfohlen wird ein Nest je 4 bis 5 Hennen, was die Eiablage auf dem Boden weiter reduziert.[495] Eine Störung während der Eiablage kann zu deformierten Eiern führen.[496] Manche Hennen schlafen auch gern sitzend und wählen dann dafür nicht selten ein Nest, was meistens zu Unmut bei Hühnerhalterinnen und -haltern führt, da es beim nächtlichen Koten zur Verunreinigung des Nests kommt.

Warum Hühner direkt nach der Eiablage laute Rufe von sich geben, war lange Zeit bzw. ist nach wie vor ein Rätsel. Die englischen Biologen Tommaso Pizzari und Timothy Birkhead stellten 2001 die Theorie auf, dass es sich dabei um ein Signal an die männlichen Artgenossen handelt, das darüber informiert, dass die betroffene Henne nun nicht empfänglich ist (und in Ruhe gelassen werden möchte).[497] Es handelt sich um eine mögliche Erklärung, die von vielen noch als unbefriedigend empfunden wird, daher besteht vermutlich noch Forschungsbedarf. Der Eierruf ist eine Domäne der Haushühner und kommt bei Bankivahühnern nicht vor. Denn das Letzte, was einer bodenbrütenden Henne in freier Wildbahn zugutekäme, wäre, lauthals auf ihre Brut aufmerksam zu machen. Für den hühnerhaltenden Menschen hat der Eierruf einen gewissen praktischen Nutzen, besonders, wenn eine geschickte Henne ihre Eier abseits von Nest und Stall versteckt.

Eier müssen in freier Natur auch in warmen Gefilden zumindest so lange halten, bis ein Gelege fertig gesammelt ist und die Henne beginnt, es zu bebrüten.[498] Das dauert 5 bis 10 Tage. Für diese Zeitspanne sind (insbesondere befruchtete) Eier also ohne Weiteres auch bei wärmeren Temperaturen haltbar, was durch eine spezielle Mixtur aus Proteinen und Enzymen ermöglicht wird.[499] Eier entfalten ihren Geschmack nach etwa 3 bis 4 Tagen, dann sind sie geschmacklich »reif«, weil bereits etwas Flüssigkeit durch die Poren entwichen ist. Ältere Eier lassen sich nach dem Hartkochen besser schälen als frische, bei denen die Eimembranen noch fest an der Schale anhaften.[500] Wenn man ein Ei lange lagert, verdampft die Flüssigkeit durch die Poren, und es trocknet nach einigen Wochen bzw. Monaten ganz von selbst völlig aus. Auf dem Weg dorthin kann man es aber einem Schwimmtest unterziehen. Frische Eier sinken im Wasser ab, mittlere schwimmen in der Mitte, alte schwimmen durch die mikrobiell bedingte Gasentwicklung im Ei nach oben. Letztere sollte man nicht mehr aufschlagen, sondern entsorgen.[501]

DAS ZEITALTER DES HUHNS

Industrielle Tierhaltung: zu viel, zu schnell, zu billig

»Es ist paradox: Je zahlreicher Hühner wurden, desto weniger sichtbar wurden sie«, schreibt Andrew Lawler in *Why did the chicken cross the world?*[502] Jetzt, zu diesem Zeitpunkt, gibt es etwa viermal mehr Hühner als Menschen auf der Welt. Ihre Zahl ist in den letzten sechzig Jahren von 3,9 Milliarden auf 33,1 Milliarden (2020) gestiegen.[503] Hühnerprodukte gehören zu den wenigen tierischen Lebensmitteln, die in allen Weltreligionen erlaubt sind.[504]

Würde man alle Haus- und Hoftiere dieser Welt, Rinder, Schweine, Schafe, Ziegen, Katzen und Hunde plus alle Ratten zusammenzählen, so gäbe es immer noch mehr Hühner.[505] Es wurde berechnet, dass im Jahr 2009 die 1,9 Milliarden europäischen Hühner die Zahl der häufigsten heimischen Wildvögel des Kontinents (geschätzte 1,6 Milliarden) bereits übertroffen hatten. Leider ist zu befürchten, dass die steigende Tendenz beim Fleisch- und Eierkonsum und die gleichzeitige massive Abnahme der Wildvogelpopulation, bedingt durch Lebensraumverlust und ökologische Folgen der intensivierten Landwirtschaft (z. B. Insektensterben, Verlust der Artenvielfalt), diese Schieflage weiter beschleunigen. Unfassbare 69 Milliarden Hühner wurden 2018 weltweit geschlachtet.[506] Die FAO rechnet mit einem weltweiten Anstieg des Geflügelkonsums um weitere 16 % bis 2031.[507]

Ohne Technologisierung könnte die industrielle Landwirtschaft nicht funktionieren. Dies hat zur Folge, dass immer größere Betriebe entstehen, in denen der Mensch im Falle eines technischen Aus- oder Unfalls keinerlei Handhabe mehr hat. Eine Studie kam zu dem Schluss, dass ein lang anhaltender Stromausfall in über der Hälfte der industriellen Ställe Leiden, Schmerzen bzw. den Tod der darin untergebrachten Tiere zur Folge hätte.[508] So gut wie keiner dieser Betriebe sei auf ein solches Blackout vorbereitet, es fehle außerdem an gesetzlichen Regelungen, die dafür sorgten, die Ställe für den Ernstfall rüsten zu lassen.

In der Ukraine sind durch den 2022 ausgebrochenen Krieg und die dadurch entstandenen infrastrukturellen Versorgungsengpässe im März des Jahres vier Millionen Hühner verhungert und verdurstet. Ein Käfighaltungsbetrieb war Ende Februar von russischen Truppen überfallen worden, alle Fahrzeuge wurden gestohlen. Die Futterlieferanten konnten ebenfalls die Versorgung nicht mehr gewährleisten, jeglicher Versuch endete unter Waffenbeschuss. Eine Woche später wurde die Stromversorgung lahmgelegt. Zuvor hatte die noch anwesende Belegschaft dieses größten Eierproduzenten Europas versucht, die Tiere an die Bauern und Haushalte der Umgebung zu verschenken, was bei 90.000 Hühnern und 1,45 Millionen Eiern auch gelang. Die restlichen Hühner verendeten, ohne das unter Beschuss stehende Land in ihren letzten Atemzügen wenigstens als Lebensmittel versorgen zu können. Sie mussten einen nutzlosen, qualvollen Tod sterben und verursachten eine hygienische Katastrophe.[509]

In New Jersey kamen im Juli 2020 etwa 300.000 Hühner bei einem Brand ums Leben. Zwei Drittel wurden durch das Feuer direkt getötet, 80.000 durch den dadurch resultierenden Stromausfall, der die Lüftung im Nebengebäude lahmlegte.[510] Der Brand brach am Abend aus, die Feuerwehrleute erkannten den Betrieb zuerst gar nicht als Hühnerfarm.[511] Durch das Einschreiten von Tierschutzvereinen konnten 230 Hennen gerettet werden – ein Promille des Bestands.[512] Kurz darauf brachte die Tierschutzorganisation PETA im Bezirk Salem, wo der Betrieb ansässig war, Plakate an: »Zur Erinnerung an die Hühner, die im Feuer hier in der Nähe getötet wurden. Wenn alle vegan wären, wäre das nicht passiert.«[513]

Ein ebenso unerfreulicher Aspekt von Großbetrieben ist die Seuchengefahr. Die Gesetzgebung sieht bei einem nachgewiesenen Vogelgrippevirus-Fall die Keulung aller im Betrieb vorhandenen Tiere vor. Die Bilanz der EU-weiten Keulungen betrug im Winter 2021/22 48 Millionen Tiere (Geflügel insgesamt).[514] Früher galt die Vogelgrippe als reines Winterphänomen, doch inzwischen tritt sie ganzjährig auf. Auch in den USA greift die Geflügelpest um sich und führt immer wieder zu Keulungen von Millionen Hühnern, wobei dort die Abschaltung der Lüftung und Einleitung von Dampf oder der Einsatz von Löschschaum als Massenvernichtungsmittel erlaubt sind, während man in Europa CO_2-Gas verwendet.[515] Schuld an diesen immens vielen Keulungen, bei denen die Tierkörper sofort vernichtet werden müssen, sind die explodierenden Bestandsgrößen, bei denen eine Infektion von Tier zu Tier rasend schnell zu befürchten ist. Um Ansteckung von und durch Wildvögel zu vermeiden, wurde unter anderem der Freilauf für Freilandhennen verboten. Das führte in den letzten Jahren wiederum dazu, dass in manchen Ländern solche Eier nicht mehr als Freiland- sondern als Bodenhaltungseier deklariert und daher auch billiger verkauft werden mussten[516], was für landwirtschaftliche Betriebe im kostenintensiveren Freilandhaltungssektor existenzbedrohend war.

Als die Covid-19-Pandemie im März 2020 weltweit um sich griff, kam es zu Dominoeffekten, die die Grenzen der Broilerindustrie, bei der Futter, Mast und Schlachtung meist von einem einzigen Betreiber übernommen werden, schnell aufzeigten: Ausfälle von Arbeitskräften, Hamsterkäufe oder Unterbrechungen von Lieferketten führten zu Unterversorgung der Hühner, millionenfachen Keulungen und zahlreichen anderen tierwohlrelevanten Problemen in einem ohnedies sehr bedenklichen Sektor.[517] Durch die Coronakrise wurden auch andere Tierhaltungssysteme aus dem Gleichgewicht gebracht, genauso wie kurz darauf durch die Ukrainekrise: Die Ukraine ist der drittgrößte Maisexporteur und daher ein unverzichtbarer Hühnerfutterlieferant. Durch Versorgungsengpässe wurde der Geflügel- und Eiersektor weltweit getroffen. In Spanien zum Beispiel wurden daraufhin Keulungen von riesigen Hühnerbeständen angeordnet.[518]

Durch intensive Tierhaltung treten zahlreiche weitere tierschutzrelevante Aspekte auf: Federpicken, Kannibalismus, Anhäufen, bei dem die Tiere – offenbar durch Lichtreize – sich in Ecken versammeln und dort einander erdrücken[519], Parasitenbefall[520], Knochenbrüche. Die Antworten auf diese Probleme lauten dann aus menschlich-ökonomischer Sicht – unfassbarerweise: Schnabelkupieren, kein Tageslicht, kein Freilauf – ja sogar die Züchtung blinder Hennen wurde einst erwogen.[521] In der heutigen Zeit scheint der Konsum an erster, das Tierwohl aber immer noch an letzter Stelle zu stehen. Ist das der Weisheit letzter Schluss, können wir nur so die Massen ernähren?

Masthühner

»Nicht nur die grausame Haltung und Schlachtung sogenannter Nutztiere ist für uns nahezu unsichtbar geworden, sondern auch die vielfältigen Gestalten der Lebewesen, die wir verzehren. Wir sehen nicht mehr, was wir – häufig in geometrischer Form – zu uns nehmen: Quader, Kugeln, kreisförmige oder rechteckige Scheiben, so als wäre das Fleisch direkt aus dem mathematischen Ideenhimmel auf unsere Teller gefallen«, schreibt Thomas Macho in *Warum wir Tiere essen*.[522] Aus dem ursprünglich als gesundes und fettarmes Lebensmittel propagierten weißen Fleisch wurden frittierte Hühnergoldstücke, Burgerlaibchen, Würstchen, Aufschnitt und Filetstreifen. Hühnerfleisch bedeutete den Menschen noch nie so viel wie in den letzten 70 Jahren – Hühner hingegen noch nie so wenig.

Schon jetzt sind die Lebensbedingungen von Lege- und Masthühnern in vielen Teilen der Erde unzumutbar. Nur schwer bekommt man Einsicht in das tatsächliche Geschehen auf Geflügelhöfen. Ein Blick in die USA, wo Huhn das beliebteste Fleisch der Nation darstellt, verrät uns, wie die Menschheit heute mit der großen Nachfrage nach Fleisch umgeht: Die sogenannte *vertikale Integration* vereint Mast, Schlachtung, Verarbeitung und Marketing in einer industriellen Maschinerie, die für das Individuum keine Gnade und kein Mitgefühl zeigt.[523]

Nach dem Schlupf in einer Brüterei werden die Küken zu Mastbetrieben gebracht, wo sie in klimatisierten Anlagen mit bis zu 50.000 Artgenossen untergebracht sind. Selbst in Ländern mit guten Tierschutzstandards hält ein Mastbetrieb im Schnitt nicht weniger als 22.000 Hühner. Die erlaubte Besatzdichte für konventionelle Masthühner beträgt in der EU 30–44 kg pro m² (14 bis zwanzig Hühner bei einem Schlachtgewicht von 2,1 kg)[524], wobei besonders dicht besetzte Anlagen im Sommer gekühlt werden müssen.[525] Die Wichtigkeit der Bewegung und der Futtersuche in einem Hühnerleben wurde bereits thematisiert. Problematisch wird es für ein Huhn dann, wenn diese zentralen Tätigkeiten nicht in adäquater Form möglich sind. Das ist bei so gut wie allen Masthühnern der Fall. Ihr kurzes Leben von fünf bis sechs Wochen verbringen sie zu einem Großteil sitzend, außer wenn sie Futter und Wasser erreichen wollen, die in kleinen Futterspendern am Laufband durch die Halle gezogen werden, wie in Abbildung 10.1. zu sehen ist. Um die Hühner ständig am Fressen zu halten, darf die Beleuchtung bis zu 18 Stunden pro Tag betragen, vier Stunden durchgehende Dunkelheit sind aber vorgeschrieben.[526]

Häufig kommt es zu Unglücksfällen: Hühner kommen auf dem Rücken zu liegen. Weil durch die Zucht auf Fleischansatz die Brust zu groß und zu schwer ist, können sie sich ab einem gewissen Gewicht selbst nicht umdrehen und drohen zu ersticken, zu verdursten oder zu verhungern. Die meisten Broilerfarmen ähneln der finnischen in Abbildung 10.1 und 10.2 gespenstisch: auch hier am Rücken liegende Leichen, von Kot begrabene tote Küken, lebende Tiere mit blutenden Wunden. Da diese Betriebe vollautomatisch versorgt sind, betritt kaum ein Mensch die Ställe. Ein industrieller Betrieb ist gesäumt mit Tierleichen, die prozentuell einkalkulierte Verluste unter den Massen sind. Das gehört dazu, es ist Teil des Systems. Wenn die Hühner schlachtreif sind, werden sie eingesammelt und zum Schlachthof gebracht: Die Mortalitätsrate davor beträgt 5–7 %.[527]

Abbildung 10.1. Masthuhnbetrieb Eurajoki, Finnland: reizarme Umgebung; Helligkeit; Hühner, die nur sitzen, fressen, trinken.

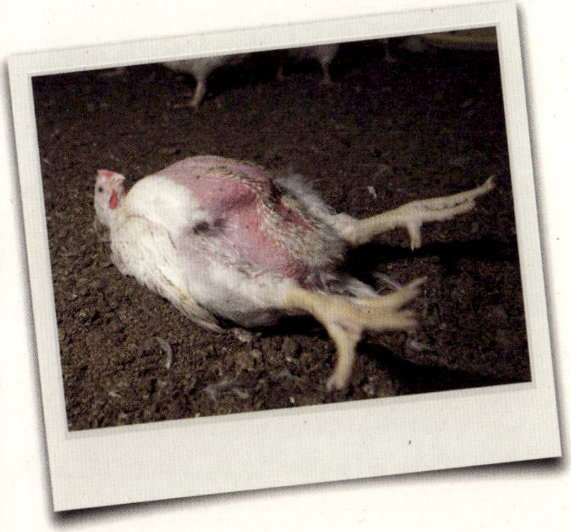

Abbildung 10.2: Masthuhnbetrieb Eurajoki, Finnland: Ein Masthuhn, das auf dem Rücken zu liegen kam und sich aufgrund des überdimensionierten Brustfleisches nicht mehr umdrehen kann.

Neue Wege des Sich-Kümmerns, das in der industriellen Geflügelhaltung völlig untergegangen ist, werden erforscht: Mithilfe von mobilen Robotern, auf die Küken geprägt werden, versucht man, Dynamiken in großen Beständen zu überwachen und zu verstehen. Durch *Künstliche Intelligenz* lernen auch die Roboter, auf die Küken zu reagieren, etwa auf Anzeichen von Stress. Durch solche Stallroboter erhofft man sich ein erleichtertes Monitoring in großen Betrieben und gleichzeitig gesteigertes Wohlbefinden der Tiere durch den Muttterersatz.[528]

Einige grundlegende Verbesserungen wären aber möglich. *Enrichment* mithilfe von Strohballen, Sitzstangen (auf geringer Höhe), Sandbädern, Scharrmaterial sowie größerer Distanz zwischen Wasser- und Futterspendern sind dem Tierwohl zuträglich[529], Wintergärten sind etwa in der Schweiz üblich.[530] Viele der Angebote werden aber nicht angenommen – Bewegung ist »zu aufwendig und zu schwierig zu bewältigen«[531], als dass sie Masthühner mit ca. vier Wochen noch von selbst anstreben würden. Die Bewegungsfreude stellt sich teilweise mit der Einnahme von starken Steroiden wieder ein, was darauf schließen lässt, dass die

Tiere ständig Schmerzen haben.[532] Ungebremste Gewichtszunahme, zu schwache Beine und Atemnot machen ihnen das Leben im wahrsten Sinne des Wortes schwer. Durch die extreme Zuchtselektion hin auf schnelles Wachstum, die Broilern eine Verfünfzigfachung ihres Gewichts innerhalb von 42 Tagen beschert, ist es ihnen kaum möglich, das Erwachsenenalter gesund zu erreichen, ihre Lebensqualität bis dahin ist ohnedies äußerst gering. Die Mortalitätsrate steigt mit fortschreitendem Alter massiv an und liegt mit eineinhalb Jahren schon bei 70 %.[533] Die Tiere sterben meist an Aortariss, Kloakenvorfall oder Infekten.[534] Selbst wenn man sie vor der Schlachtung bewahren möchte, ist ihnen dennoch nur ein kurzes Leben beschert, wie Menschen, die es aus Liebe zum Tier versucht haben, berichten.[535]

Im Gegensatz zu den Haltungsbedingungen, die in der konventionellen Landwirtschaft Usus sind, liest sich folgende Beschreibung aus dem schweizerischen Biosektor wesentlich humaner, aber eben auch deutlich kostenintensiver: »Geflügelprodukte […] stammen immer von Poulets mit Weideauslauf. [… Die] Mastdauer beträgt mind. 63 Tage und es dürfen pro Herde max. 500 Tiere gehalten werden. Es sind nur bestimmte extensive und mittelintensive Rassen für die Mast zugelassen.«[536] Im Biosektor sind Hochleistungsbroiler also eher unerwünscht[537], aber nicht verboten.[538] Die Besatzdichte beträgt maximal zehn Tiere pro Quadratmeter bei einem Schlachtgewicht von 2,1 kg, Auslaufmöglichkeit für zwei Drittel der Lebenszeit, Sitzstangen und Sandbäder müssen vorhanden sein.[539] Tageslicht ist vorgeschrieben, das Kunstlicht muss für 8 Stunden pro Tag abgedreht werden, damit die Tiere schlafen können.[540]

	Mastgeflügel geschlachtet/Jahr (Anzahl Tiere)	Pro-Kopf-Verbrauch Hühnerfleisch	Davon Bio	Selbstversorgungsgrad	Stallplätze durchschnittlich	Mastbetriebe
Schweiz	79 Mio.	14,2 kg	2,8 %	67 %	7.700	970
Österreich	98 Mio.	15,9 kg	3,5 %	90 %	22.000	631 > 1.000 Tiere 56 < 1.000 Tiere
Deutschland	623 Mio.	15,6 kg	2,6 %	98 %	70% > 50.000 Tiere	1.700
USA	9.800 Mio.	48,5 kg	0,25 %	117 %	125.000 (in Einheiten zu je 25.000)	26.000
Welt	70.770 Mio.	14,7 kg	–	100 %	–	–

Tabelle 10.1: Geflügelmarkt in verschiedenen Regionen, Zahlen aus dem Zeitraum 2018 bis 2021, je nach Verfügbarkeit (– keine Daten verfügbar) [541]

Der Hühnerfleischkonsum in Deutschland hat sich seit 1991 verdoppelt, obwohl dort, wie in den meisten Industrienationen (inklusive Österreich), Fleischerzeugung und -konsum insgesamt rückläufig sind.[542] Es wird also zwar tendenziell weniger Fleisch, aber überall mehr Huhn gegessen. Die Schweiz kann nur zwei Drittel ihres Geflügelbedarfs mit heimisch produzierten Hühnern decken, 40 % der Importe kommen aus Brasilien.

Forschende aus Großbritannien und Südafrika haben die heutige, vom Einfluss des Menschen dominierte Zeit hinsichtlich seiner zukünftigen archäologischen Bedeutung und Erkennbarkeit untersucht und festgestellt, dass unsere Epoche durch ein sehr markantes Leitfossil geprägt sein wird: das Masthuhn. Denn dieses Tier, das in astronomischer Zahl noch als Küken geschlachtet wird, sogar noch bevor sein Skelett verknöchert ist, ist einmalig in der Zeitgeschichte. Es sei eine *Erfindung des Menschen* und repräsentiere daher wie kein anderes Tier die Menschheit der heutigen Zeit. So unglaublich viele Knochen werden in zukünftigen Ausgrabungen vorkommen, dass man die Jahre ab 1950, als der Broiler *kreiert* wurde, bestens datieren können wird. Wir leben im Zeitalter des Huhns.[543]

Legehennen – »Wegwerfprodukte der Landwirtschaft«

Ähnlich wie beim Masthuhn sind aus dem *Zweinutzungshuhn*, das sich für Fleisch- und Eiererzeugung eignet und wohl seit der Römerzeit in kleinbäuerlichen Betrieben im Hinterhof gehalten wurde, Turbohühner geworden, die in Hallen von mehreren Tausend Tieren bei 16 Stunden Kunstlicht täglich ein Ei legen. Die Haltungsformen sind bei Legerassen sehr unterschiedlich geregelt, weshalb ihnen hier besonderes Augenmerk geschenkt wird (vgl. auch Tabelle 10.1).

Traditionelle Käfige, wie sie auf der Welt noch am weitesten verbreitet sind, bieten einem Huhn weniger Platz als ein A4-Blatt. Es gibt in einem solchen Käfig, in den die Tiere einzeln oder zu mehreren eingesperrt werden, außer Gitterstäben, Wasser und Futter nichts. Da ein Legehuhn nun etwa ein Jahr lang dort lebt, beschäftigt es sich mit dem Einzigen, das es zur Verfügung hat: seinen Nachbarinnen und sich selbst. Daher sind Käfighennen meistens sehr mitgenommen, zerrupft, verletzt. Um dem vorzubeugen, werden auf der Welt standardmäßig die Schnäbel gekürzt: Wie wir bereits gesehen haben, verstümmelt man auf diese Weise den Tieren eines ihrer empfindlichsten Tastorgane. Die massive Problematik des Federpickens wird dadurch aber eingedämmt, weshalb – sarkastischerweise – das Schnabelkupieren oft noch als »Tierwohlmaßnahme« gerechtfertigt wird.[544] Traditionelle Käfige sind seit 2012 in der EU verboten.

Dafür sind *ausgestaltete Käfige* (auch *Kleingruppenkäfige*), die großen Geschwister der traditionellen Käfige, wie sie in Abbildung 11.4 zu sehen sind, noch immer europäischer Standard. Das Platzangebot pro Henne beträgt 1,5 A4-Blätter, die Tiere können sich also zumindest umdrehen, aber nicht die Flügel ausstrecken. Eine Ecke muss Einstreu zum Scharren, zusätzlich eine Art Sandbad enthalten, eine kleine Sitzstange muss vorhanden sein.[545] Wurden einst Kleingruppen von fünf Hennen wissenschaftlich erprobt und empfohlen, so setzte sich in der Praxis die Industrie durch. Heute sind ausgestaltete Käfige für Gruppen von zwanzig, vierzig, sechzig und achtzig Hühnern üblich.[546] In den baltischen Staaten sowie Ungarn, Griechenland, Polen, Portugal, der Slowakei und Spanien leben immer noch zwischen 70 und 90 % der Hühner in solchen Käfigen. Belgien, Frankreich und Italien haben sie sehr reduziert, während Dänemark und Schweden kurz vor der Abschaffung der Käfighaltung stehen[547], wie in Österreich und der Schweiz bereits 2010 passiert. Die wachsende gesellschaftliche Ablehnung führte zu einer politischen Diskussion rund um ein generelles EU-weites Käfigverbot, das allerdings frühestens 2027 (plus Übergangsfristen) zu erwarten ist.[548]

Wenn sich industrielle Systeme von Käfigen verabschieden (müssen), ist der nächste Schritt die *Bodenhaltung*. Meistens werden mehrere Ebenen (*Volieren*) und der Boden angeboten, Sitzstangen und Nester sind erhöht, wie man in Abbildung 10.3 erkennen kann. Hier können sich die Tiere grundsätzlich frei bewegen. Auf einem Drittel der Fläche muss Einstreu vorhanden sein. Die Besatzdichte in der Bodenhaltung ist aber enorm: 7–9 Tiere pro m^2 – je nachdem, ob mit oder ohne Volieren.

Abbildung 10.3: Bodenhaltung mit Volieren in Schottland

Abbildung 10.4: Ausgestalteter Käfig in Polen

Freilandhaltung ist für das Tierwohl unumstritten die beste Form, da sie den Ansprüchen der Hühner an einen erfüllten Tagesablauf am ehesten gerecht wird[549], wie in Kapitel »Ein ganz normaler Tag im Leben eines Raptors« bereits erläutert wurde. In der Umsetzung ergeben sich aber auch hier einige Probleme: Der verpflichtend zur Verfügung stehende Auslauf wird von den Hühnern – ganz Bankiva – oft nicht gerne genutzt. Struktur ist besonders wichtig, wie etwa ein natürlicher Baum- oder Strauchbestand.[550] Oft ist ein solcher Bewuchs aber nicht vorhanden: Ein »gangbarer Weg« sind dann Tunnel, die relativ leicht zu errichten sind und den Hühnern den Weg hinaus in den Grünauslauf erleichtern.[551] Wenn diese zum Boden hin offen sind, werden sie von den Hühnern auch gerne als Versteck und Schattenplatz genutzt. Überdachte Staubbäder verbessern die Verteilung der frei laufenden Hühner auf der Grünfläche.[552] Für einen guten Freilauf braucht es auch – der Vegetation zuliebe – einen eingestreuten Scharrplatz in Stallnähe, wo sich nach wie vor die meisten Hühner freiwillig aufhalten. Dazu müssen außerdem genügend (große) Auslaufluken vorhanden sein.[553]

Bio-Eier heben sich von konventionellen Freilandeiern dadurch ab, dass ausschließlich biologische Futtermittel verwendet werden dürfen, die Tierwohlstandards höher sind und dass diese wesentlich häufiger kontrolliert werden. Beispiel Österreich: unangekündigte Kontrolle einmal jährlich pro Biobetrieb; angekündigte Kontrolle von 2 % aller konventionellen landwirtschaftlichen Betriebe (!) pro Jahr. Dass der Alltag einer Biolegehenne in Betrieben mit bis zu 3.000 Tieren trotzdem nicht das Gelbe vom Ei ist, steht auf einem anderen Blatt, doch kann man hier zumindest vom geringeren Übel in der Eierindustrie sprechen. Eier gehören überall zu den erfolgreichsten Bioprodukten im Lebensmitteleinzelhandel. Im kleinen Dänemark leben 33 % der Legehennen in Biofreilandhaltung.[554]

<table>
<tr><th>HALTUNGSFORM</th><th>AT</th><th>DE</th><th>CH</th><th>EU</th><th>UK</th><th>USA</th><th>WELT</th></tr>
<tr><td>Pro-Kopf-Verbrauch</td><td>235</td><td>240</td><td>185</td><td>210</td><td>200</td><td>286</td><td>140</td></tr>
<tr><td>Selbstversorgungsgrad</td><td>90 %</td><td>73 %</td><td>56 %</td><td>105 %</td><td>100 %</td><td>>100 %</td><td>–</td></tr>
<tr><td>traditioneller Käfig (480–550 cm^2/Henne)</td><td>0 %</td><td>0 %</td><td>0%</td><td>0%</td><td>2,5 %</td><td rowspan="2">70 %</td><td rowspan="2">90-95 %[555]</td></tr>
<tr><td>ausgestalteter Käfig (750 cm^2/Henne)</td><td>0 %</td><td>5 %</td><td>0%</td><td>45 %</td><td>40 %</td></tr>
<tr><td>Bodenhaltung</td><td>58 %</td><td>63 %</td><td>42 %</td><td>36 %</td><td rowspan="2">54 %</td><td rowspan="2">23 %[556]</td><td>–</td></tr>
<tr><td>Freilandhaltung</td><td>29 %</td><td>19 %</td><td>39 %</td><td>13 %</td><td>–</td></tr>
<tr><td>Biohaltung</td><td>13 %</td><td>13 %</td><td>19 %</td><td>7%</td><td>3,5 %</td><td>7%</td><td>–</td></tr>
</table>

Tabelle 10.2: Konsum und Produktion von Eiern nach Ländern – Anteil der Haltungssysteme in der Eiproduktion im Zeitraum 2019 bis 2021 (je nach Verfügbarkeit, Zahlen gerundet)[557]

Die EU ist der zweitgrößte Eierproduzent und -exporteur, gefolgt von den USA und Indien. An erster Stelle steht China, wo ein Drittel aller Eier der Welt gelegt wird. Dort regen sich langsam Tendenzen, die Haltungsbedingungen an europäische Standards anzupassen.[558] Im Tierwohl-Ranking steht im deutschsprachigen Raum die Schweiz an der Spitze, gefolgt von Österreich und Deutschland. Der besonders große Anteil der Schweiz an Freiland- und Bio-Eiern muss aber relativiert werden: Fast die Hälfte der Eier wird importiert, vor allem in Form von verarbeiteten Produkten und durch die Gastronomie. Der Import von verarbeiteten Käfigeiern ist – wie auch in Österreich und Deutschland – weiterhin nicht kennzeichnungspflichtig. Auf diesem Wege gelangt jährlich tonnenweise Flüssigei aus der Ukraine, den USA oder Argentinien auch in europäische Produkte. Diese Flüssigei-Importe stammen zu 80 % aus Käfighaltung, sind aber um ein Drittel billiger als heimische Eier.[559] In Großbritannien führte dies bereits zu Protesten: Obwohl dort Selbstversorgung möglich wäre, importiert der britische Handel jährlich eine Milliarde Eier für verarbeitete Produkte.[560]

Das leibliche Wohl der 350 Millionen Legehennen in der EU, die jährlich für uns rund eine Milliarde Eier legen, ist zwar der europäischen Bevölkerung nicht egal – sogar am wenigsten egal von allen Nutztieren![561] –, doch gibt es nach wie vor große Verbesserungsmöglichkeiten. Knochenbrüche sind bei Legehennen nicht nur eine bedauerliche Ausnahme, sondern Normalität.[562] Bestände, bei denen 90 bis 95 % der Legehennen eine Brustbeinfraktur aufweisen, sind keine Seltenheit.[563] Von diesen allzu häufigen Problemen weiß der Großteil der Bevölkerung gar nichts oder zu wenig, auch das Problem des Federpickens ist kaum bekannt.[564]

In unserem persönlichen Gespräch hat eine Wiener Veterinärprofessorin Legehennen als »Wegwerfprodukte der Landwirtschaft« bezeichnet. Und leider ist diese Metapher sehr bezeichnend. Egal in welcher Haltungsform: Das gängige Stallsystem bei Legehennen ist *all-in–all-out*. Das bedeutet, dass alle Hennen gleichzeitig – legereif mit ca. zwanzig Wochen – im Legebetrieb ankommen und dann dort für eine Legeperiode, also zwölf bis 14 Monate, bleiben. Wie viel in dieser Zeit von ihnen zu erwarten ist, kann man in Produktdatenblättern nachlesen.[565] Sie sind inzwischen so *designt*, dass mit einer bestimmten Menge von Eiern zu rechnen ist. Legehybride gehören auch keiner Rasse an, sondern sind patentierte Standardware, die zu Tausenden aus Brütereien verkauft und nicht selbst nachgezüchtet wird. Braune Legehennen legen braune Eier und stammen ursprünglich von großen Legerassen wie den Rhode Island Reds ab, mit denen die meisten das ruhige, unaufgeregte Wesen teilen. Die weiße Legelinie gründet großteils auf der Rasse Leghorn, die den englischen Namen der Stadt Livorno trägt.[566] Dabei handelt es sich um Nachkommen europäischer Legerassen, die allerdings in den USA zu einer eigenen Rasse weitergezüchtet wurden.[567] Weiße Legehybridhennen legen normalerweise weiße Eier. Laut Produktdatenblatt eines namhaften »Herstellers« legt eine braune Käfighenne bis zu 460 Eier in ihrem Leben, dessen Ende fix vorbestimmt ist.[568]

Legehybridhennen legen bis zu 300 Eier im Jahr, das sind rund sechs Eier pro Woche, pausieren also im Schnitt für einen Tag pro Woche.[569] Ihre erwartete Performance von insgesamt 360 bis max. 460 Eiern endet im Alter von 18 bis 24 Monaten. Danach würden sie zu mausern beginnen und die Eiproduktion für einige Wochen einstellen. In der Regel werden sie bereits davor *ausgestallt*, also zum Schlachthof gebracht, wo ihr (für den menschlichen Verzehr »minderwertiges«) Fleisch zu Suppenhühnern oder Tierfutter verarbeitet wird. Beim Einfangen und Abtransport brechen Zehen, Beine oder Flügel, weil bis zu zehn Hühner pro Fänger gleichzeitig kopfüber hängend in Kisten gestopft und abtransportiert werden.[570] Der Bauer bekommt pro Henne nicht mehr als einen Euro. Im Gegenteil: In Österreich wird der Abholdienst vom einzigen Suppenhennen-Schlachthof des Landes[571] erst ab einer Betriebsgröße von 2.000 Tieren mobil. Wollte man das Fleisch der Legehennen aus kleineren Betrieben verwerten, so müsste man z. B. mobile Schlachtwägen oder Lohnschlachter einsetzen, oder aber den Abtransport subventionieren, denn: Das Fleisch der ausgedienten Hennen ist praktisch wertlos.[572]

Kleinere Betriebe müssen selbst schauen, wie sie ihre Hennen »entsorgen«, da sie auf dem Hof als Suppenhennen nicht geschlachtet werden dürfen. Die Tiere werden also gekeult und landen in der Tierkörperverwertung. In der Schweiz beantwortet ein offizielles Dokument die Frage »Was passiert mit den Legehennen« so: »Legehennen werden nach der Nutzung auf dem Legehennenbetrieb verschiedentlich verwertet. Ein Teil wird in Biogasanlagen zu Energie umgewandelt, ein Teil fließt in den Fleischbereich (Suppenhuhn oder Verarbeitungsfleisch).«[573] Das gängige System lässt die Kleinbauern, die man ja eigentlich aus vielerlei, nicht zuletzt tierschutzrelevanten Gründen begrüßen und fördern sollte, mit ihren kleinen Beständen aber völlig allein.[574]

Die Vereine *Rettet (d)ein Huhn* in Österreich bzw. *Rettet das Huhn* in Deutschland kümmern sich um solche kleinere, manchmal auch größere Ausstallungen – ihre Arbeit wird im Kapitel »Gefiederte Persönlichkeiten« noch genauer vorgestellt. Die Hühner, die das Glück haben, aus dem System geholt zu werden, und an einen Platz kommen, wo sie mausern und weiterleben dürfen, sind leider von ihrem Schicksal, ein Legehybrid zu sein, dennoch gezeichnet: Ein Drittel der Legehybridhennen, die über die geplante Nutzungsdauer hinaus leben, entwickelt im Alter von 24 bis 30 Monaten einen Ovariartumor[575], und in weniger drastischen Fällen zumindest Legedarmentzündungen. Dabei wird die Eischale nicht mehr richtig ausgebildet, da das Organ bereits im ersten Jahr schwer überbelastet wurde.[576] Die Steigerung davon ist der Prolaps, bei dem sich der Legedarm nach außen stülpt. Diese Leiden sind behandelbar, doch braucht es dazu tierärztlichen Beistand. Legehennen aus industrieller Haltung können – auch nach solchen Erkrankungen – noch einige Jahre Eier legen. Bodenhaltungshühner brauchen anfangs einen klimatisierten Stall, da sie noch nie im Freiland gehalten wurden und Zeit brauchen, um abzuhärten.[577]

In der Eierindustrie wird man die kleinen Gockel los, indem man unmittelbar nach dem Schlupf das Geschlecht bestimmen lässt *(sexing)* und die Junghähne auch gleich anschließend durch CO_2-Gas getötet werden – in Deutschland jährlich an die 50 Millionen[578] –, doch wurde dies mit 2022 gesetzlich verboten, in Österreich 2023.[579] Vorreiter auf dem Gebiet der Kükenrettung war die Biobranche, die sich bereits 2017 auf eine Mast der *Bruderhähne* geeinigt hatte, anstatt diese gleich nach dem Schlupf zu töten. Diese Mast ist allerdings so unrentabel, dass die Junghähne auch nach 3 Monaten geschlachtet werden und in die Wurst oder ins Tierfutter kommen.

Laut dem Geflügelgesundheitsdienst QGV gingen in Österreich im Jahr 2019 rund 73 % der männlichen Legeküken als Futter an Zoos, Tierparks, Greifvogelstationen, Tierschutzhäuser und Storchenaufzuchten, 16 % in die Tierkörperverwertung und 11 % in die Junghahnenaufzucht. Für Futterküken bleibt die Tötung in Österreich legal.[580] Für die Bundesrepublik gibt es keine verlässlichen Daten, wie die toten Küken weiterverwendet oder entsorgt wurden[581], doch schätzt man den Anteil der Futterküken, die für Zoos etc. benötigt werden, dort auf etwa 10 %.[582] Dennoch kann man sich in Deutschland nicht sicher sein, dass man ein kükentötungsfreies Ei gekauft hat: Legehennenküken werden nicht selten zur weiteren Aufzucht importiert, das Herkunftsland muss beim Verkauf nicht ersichtlich gemacht werden.

Große Hoffnungen setzen vor allem tierschutzaffine Menschen auf die Geschlechtsbestimmung im Ei. Spätestens, seit die Bevölkerung sich des Themas bewusst ist und das Verbot der Kükentötung erzwungen hat, wird daran intensiv geforscht. Es erscheint sinnvoll, Küken, die man aus Rentabilitätsgründen später nicht mästen möchte, möglichst früh auszusortieren: am besten, solange sie noch kein Schmerzempfinden haben. Dazu sucht man nach einer kostengünstigen, minimalinvasiven Methode, bei der Ei und Küken nicht geschädigt werden.[583] So viel sei gesagt: *Sexing* im Ei ist High-Tech.[584] Bei der *Raman-Spektral-Methode*[585] bohrt man ein Loch in das stumpfe Ende des Eis, lässt die innere Eimembran intakt und misst die unterschiedlichen Lichtreflexionen der bereits entwickelten Blutgefäße. Diese fluoreszieren bei Hähnen deutlich mehr als bei weiblichen Embryonen. Ein Gehirn – und damit das Schmerzempfinden – ist in diesem Stadium (Tag 4) noch nicht entwickelt. Eine andere Methode bohrt per Laser ein Loch an das spitze Ende des Eis, entnimmt Kükenharn und misst am Hormonstatus das Geschlecht. Allerdings ist diese Methode erst ab Tag 9 anzuwenden. Amerikanische Forschende haben entdeckt, dass durch die Eischalenporen gasförmige Moleküle entweichen, die das Geschlecht von unbebrüteten Embryonen verraten. Vielleicht kann man sogar mittels der erst kürzlich entwickelten *CRISPR-Methode* die Mütter genetisch modifizieren, damit sie einen genetischen Marker in männliche Eier einbauen, den man dann leicht und früh am Ei aufspüren kann – so verspricht es eine australische Methode. Wir werden uns überraschen lassen müssen, wann die frühen Geschlechtsbestimmungswerkzeuge für die Anwendung im industriellen Bereich ausgereift sind[586], auch wenn erste (relativ spät) gesexte Eier schon in deutschen Supermärkten erhältlich sind.

Zusammenfassend kann gesagt werden: Das Konsumverhalten der und des Einzelnen und die gesellschaftliche Akzeptanz oder Ablehnung von Tierhaltungsformen können das Schicksal von Nutztieren beeinflussen. Produkte aus tiergerechter Haltung haben ihren Preis, und der beträgt das 1,5- bis 4-Fache konventioneller Produkte.[587]

Eine neue Ära der Hühnerhaltung?

Schon jetzt gibt es für jeden Menschen auf der Welt vier Hühner. Wie wirkt sich das auf unsere Umwelt aus? Um die ökologischen Aspekte der industriellen Hühnerhaltung zu beleuchten, bedarf es zuerst eines Überblicks über den *Impact* der Landwirtschaft im Allgemeinen. Die Tierhaltung hat sich zu einem globalen Umweltproblem entwickelt: Etwa 8 % aller Treibhausgasemissionen werden direkt, etwa das Dreifache indirekt durch diesen Sektor verursacht, sowohl der Verbrauch als auch die Verschmutzung von Wasser sind enorm.[588] Da Hühner in so großer Zahl gehalten werden, ist der Anteil der Geflügelhaltung nicht zu unterschätzen.[589]

Ist – im Gegensatz zur ständig steigenden Nachfrage nach Hühnerfleisch – hier auch eine Trendwende in Sicht?

Conclusio aller seriösen Studien: Solange die Menschheit ihren Konsum an tierischen Produkten beibehält und gleichzeitig nicht mehr dafür bezahlen will, wird (und kann) sich an den herrschenden Zuständen in der Tierhaltung und damit auch an vielen anderen ökologischen Problemen nichts ändern. Insgesamt muss der Konsum an Fleisch und Eiern zurückgehen, im Austausch gegen pflanzliche Proteinquellen (z. B. Hülsenfrüchte und Getreide), und eine Hinwendung zu umwelt-, klima- und tierfreundlichen Produkten erfolgen, damit sich die ökologische und katastrophale Situation der sogenannten Nutztiere verbessern kann.[590] Würden wir Getreide und Hülsenfrüchte (allen voran Soja), die wir den Hühnern verfüttern, zum Großteil selbst essen, wäre hier schon ein sehr großer Schritt getan: Denn wir selbst sind die besten Futterverwerter. Bei deutlicher Reduktion des Fleischkonsums weltweit könnte eine Weltbevölkerung von über 9 Milliarden sogar mit Lebensmitteln aus ausschließlich biologischem Anbau, mit all seinen positiven Wirkungen auf Mensch, Tier und Klima, ernährt werden.[591] Gleichzeitig würden wir uns unabhängiger von Krisen machen. Die gute Nachricht: Es gibt eine Flut an hervorragenden fleischlosen Rezepten, inzwischen für alle kostenlos im Internet verfügbar, sodass man nicht fürchten muss, genussfrei oder hungernd den Fleischkonsum reduzieren zu müssen.

Das Bewusstsein für Klima- und Umweltschutz, genauso wie für das Tierwohl, hat sich in den letzten Jahrzehnten auf der produzierenden wie auf der konsumierenden Seite gewandelt, und viele überlegen sich, wie sie selbst aus dem System ausbrechen können. Innovative Ideen finden immer mehr Gehör in den Agrarwissenschaften, und so wird jetzt in vielen Betrieben auf der Welt Neues und Wiederentdecktes ausprobiert. Waren seit der Spätantike *Zweinutzungsrassen* (auch *Dualhühner*), also solche, die sowohl viele Eier legen als auch gut zu mästen sind, vorherrschend, so bestimmt heute die Spezialisierung der Hybridlinien die Eier- und Geflügelindustrie. Zweinutzungshähne müssen doppelt so lange gemästet werden wie Broiler, während die Zweinutzungshennen jährlich um fünfzig Eier weniger legen als Legehybride.[592] Mit der Einigung der Bruderhahnaufzucht war die Biobranche vorausgeprescht – durch das generelle Verbot der Kükentötung per 2022 hat sich die Beforschung verschiedener Zweinutzungsrassen intensiviert.[593] Dem Ertragsverlust versucht die Branche mit Konsumenteninformation und einer kollektiven Preissteigerung bei geflügelrelevanten Bio-Produkten entgegenzuwirken.[594]

Die Rolle von Hühnern bei der Schädlingsbekämpfung wurde ebenfalls wiederentdeckt. Meistens sind es Biobetriebe, die sich vom Einsatz der gefiederten Schädlingsvertilger eine Reduktion des Pestizideinsatzes erhoffen, zum Beispiel bei Kürbispflanzen[595], Wein oder auf Streuobstwiesen.[596] In Großbritannien erforscht man, wie frei laufende Masthühner mit Jungwäldern harmonieren. Eine gewisse Größe der Bäume ist notwendig, um Schatten zu spenden.[597] Bei entsprechender Ausgestaltung von Freilauf und Mobilstall benehmen sich die Broiler in der zweiten Hälfte ihres 56 Tage andauernden Lebens wie »normale« Hühner: Sie scharren, picken und bewegen sich, erkunden sogar die Umgebung – Verhaltensweisen, die bei Masthähnchen ansonsten kaum noch zu beobachten sind.[598]

Mobilställe erfreuen sich besonders in der Legehennenhaltung immer größerer Beliebtheit. Ebenfalls vollautomatisiert, aber dennoch nicht ohne menschliche Obhut zu betreiben, bietet der *chicken tractor* eine Alternative zur (normalen) Freilandhaltung. Die Tiere werden in ihrem Stall von Weide zu Weide gebracht und mit einem Elektrozaun geschützt. In Deutschland schätzte man 2019 die Zahl der mobilen Herden auf ca. 3.000, mit einer Gesamtzahl von ca. einer Million Legehennen[599] – Tendenz steigend. Die

Attraktivität des Auslaufs muss aber gegeben sein, wie bei jeder anderen Freilandhaltung auch. Das bedeutet, dass die Landwirtinnen und Landwirte nebst dem Hühnerstall auch Strukturen bereitstellen müssen, falls keine entsprechende Vegetation vorhanden ist: Ein paar mobile Unterschlüpfe erhöhen das Freilaufverhalten bereits nachhaltig[600], unter dem Mobilstall selbst können die Tiere üblicherweise Sandbaden.[601] Bei den meisten Systemen muss der Bauer Futter und Wasser in kurzen Abständen von wenigen Tagen erneuern: Daher ist mit einem 14-fachen Arbeitsaufwand und 2- bis 4-fachem Investitionsmehraufwand gegenüber nichtmobilen Ställen zu rechnen.[602]

Mobilställe gewinnen aufgrund der möglichen Synergieeffekte auch international immer mehr an Bedeutung.[603] Wenn die verhaltensrelevanten Aspekte beachtet werden, ist die mobile Haltung eine optimale Lösung im Sinne der Kreislaufwirtschaft: Vorzüge sind einerseits eine gleichmäßige Düngung der Flächen, eine Reduktion der Schadinsekten (leider auch der Nützlinge) sowie gleichmäßigere Verteilung der Tiere auf den Flächen – dadurch weniger Schädigung der Grasnarbe –, und andererseits ausgewogenere Ernährung und artgerechte Haltung der Hennen.[604] Sofern die Konsumentinnen und Konsumenten bereit sind, entsprechend mehr für die Eier zu bezahlen, wird sich die Mobilstallhaltung weiterhin etablieren können. Da die gehaltenen Herden meistens zwischen 100 und 450 Tieren umfassen, stehen die Landwirte aber vor dem gleichen Problem wie alle »kleineren« Betriebe in der Hühnerindustrie: Schlachthöfe kommen wegen solcher Mengen nicht vorbei.[605]

Über eine kuriose Initiative gibt es aus Frankreich zu berichten: In der elsässischen 70.000-Einwohner-Stadt Colmar werden Hühner erstmals kommunal genutzt. Die Gemeinde gab für einen Obolus Hühner an ihre Bewohnerinnen und Bewohner ab, da man sich davon eine merkliche Reduktion der Hausmüllmengen versprach. Ein Huhn vertilgt bis zu 150 kg biologische Abfälle pro Jahr, so hatte man errechnet.[606] Im ersten Anlauf 2015 wurden 1.500 braune Legehennen und Elsasshühner verteilt. Seitdem werden alle zwei Jahre neue Hühneraktionen ausgerufen, bei denen sich Haushalte mit geeignetem Garten oder Hof melden können. Bereits 90 t Biomüll wären bisher auf diese Weise verwertet worden, so der Bürgermeister.[607] 1888 gab es in den *Mittheilungen des Ornithologischen Vereines in Wien* zu lesen: »Die Haushaltsabfälle, welche […] einfach weggeworfen […] werden, sind das vorzüglichste Hühnerfutter.«[608] Was also früher des Hofhuhns Los, nämlich von Küchenabfällen zu leben, ist heute eine vielgelobte Innovation in Sachen kommunaler Nachhaltigkeit. Das Erfolgsmodell wurde bereits kopiert, drei der Nachbargemeinden bieten inzwischen ähnliche Programme an.[609]

Teilnehmende Haushalte verpflichten sich, je zwei Hühner mindestens zwei Jahre lang zu behalten, sie zusätzlich zu Küchenabfällen mit Getreidemischungen zu versorgen und ihnen ein tiergerechtes Leben mit gesichertem Stall und mindestens 4 m^2 Auslauf pro Huhn zu ermöglichen.[610] Das ist jedenfalls ein besseres und längeres Leben als eines in industrieller Haltung. Die Stadt behält sich außerdem Kontrollen der Haltungsbedingungen vor. Es verwundert kaum, dass zwei Hühner, die über mehrere Jahre im Hof oder Garten leben, einen Namen bekommen und der ganzen Familie schnell ans Herz wachsen.[611] Was sind denn nun Colmars kommunale Müllverwertungshühner? Haustiere, Nutztiere oder gar Heimtiere? Die Grenzen verschwimmen hier offensichtlich. Ist eine solche Unterscheidung denn überhaupt wichtig, und warum könnte oder sollte sie uns interessieren? Diesen Fragen widmet sich das nächste Kapitel.

Gefiederte Persönlichkeiten

»Ein Wort der Warnung muss ich hier ergänzen. Machen Sie Hühner nie zu Heimtieren. […] Hühner sind keine Kuscheltiere; sie sind Hühner; sie sind Produzenten; sie existieren, um Eier zu legen und gegessen zu werden. Geben Sie einem Huhn niemals einen Namen. Dies zu tun ist bloß niedlich – und dumm – und ein Missbrauch von Namen.«[612] (Smith und Daniel, 1977)

»Hühner sind die neuen Katzen!«

Hunde, Katzen, Pferde wurden nicht nur schon lange als Haustiere gehalten, sondern haben in unserer Kultur einen fixen Stellenwert als Wegbegleiter und Hausgenossen. Wir geben ihnen Namen, loben und tadeln ihre charakterlichen Eigenheiten, bringen sie zum Tierarzt und tun unser Möglichstes, um allen Schaden von ihnen fernzuhalten. Gerade in den letzten Jahren schaffen es auch immer mehr Hühner, ihren Status vom Nutztier zum geliebten Haustier zu heben – trotz aller Warnungen von Smith und Daniel aus den 1970er-Jahren. Im englischsprachigen Raum war man schnell mit der Begriffsfindung für das Phänomen: Das *backyard chicken movement* entsprang ursprünglich der

Idee, abseits der industriellen Eier- und Fleischproduktion mehr Autarkie in die Haushalte und Familien zu bringen. Ein paar Hühner sind leicht zu halten, machen wenig Arbeit und sind günstig in der Erhaltung.

Der veterinärmedizinische Sektor scheint vielerorts überrascht bis überfordert von dem Andrang. Immer mehr Menschen bringen Hühner, um sie behandeln zu lassen. Es werden daher auch immer mehr Hühner-Fortbildungen für Tierärzte angeboten. In den sozialen Medien formieren sich Gruppen von verzweifelten Hobbyhalterinnen und -haltern, die Medikamente benötigen, die es nur in Packungsgrößen für 1.000 und mehr Tiere gibt, und wissen wollen, welche veterinärmedizinischen Praxen Kleindosen abgeben. Als ich mit meinen neuen Hühnern das erste Mal tierärztlichen Beistand brauchte, ging ich, wie mit allen meinen »Nutztieren«, in die nächstgelegene Uniklinik. Doch ich wurde bei der Abteilung für Geflügel abgewiesen. Denn dort – so die Auskunft – behandle man keine einzelnen Hühner, sondern nur Bestände. Ich wurde weitergeleitet zur Abteilung für Ziervögel und Reptilien. Und dort saß ich nun mit einem Huhn in einem Katzenkorb – zwischen Papageien und Bartagamen.

Bisher wurde der begrifflichen Unterscheidung zwischen Nutz-, Haus- und Heimtier kaum Beachtung geschenkt, doch an dieser Stelle wird sie notwendig.[613] *Haustiere* sind alle domestizierten Tiere in Abgrenzung zum Begriff *Wildtiere*. In Ermangelung eines rechtlich relevanten Beispiels aus der Hühnerwelt sollen hier exemplarisch Schweine herangezogen werden. Im österreichischen Tierrecht werden für normale Hausschweine und Minipigs derart unterschiedliche Haltungsbedingungen verlangt, dass man sich fragen muss: Gibt es wirklich Schweine, die per se ein besseres Leben verdient haben als andere? Während Minipigs pro Tier mindestens 10 m^2 Auslauf und einen eingestreuten Stall mit wenigstens 2 m^2 Fläche pro Tier sowie einen befestigten Vorplatz und eine Suhle haben müssen, ist die gedrängte Haltung von Mastschweinen in konventionellen Betrieben auf Vollspaltenböden die Norm. Das vorgeschriebene Platzangebot beträgt dort für ein Tier mit 30 kg nur 0,30 m^2 Mindestfläche, ohne Auslauf, Einstreu oder Suhle.[614] Woran definiert sich eine solche Unterscheidung? Laut deutschem Recht gelten als *Nutztiere* »landwirtschaftliche Nutztiere sowie andere warmblütige Wirbeltiere, die zur Erzeugung von Nahrungsmitteln, Wolle, Häuten oder Fellen oder zu anderen landwirtschaftlichen Zwecken gehalten werden oder deren Nachzucht zu diesen Zwecken gehalten werden soll«.[615] Dem entgegen stehen *Heimtiere* als solche, die »aus Interesse am Tier oder als Gefährten im Haushalt gehalten werden oder die für eine solche Verwendung vorgesehen sind«.[616] Die Unterscheidung von Heim- und Nutztieren ist demnach eine kulturell-gesellschaftliche: Sie definiert sich allein an der Beziehung, die wir zu der jeweiligen Tierart haben.

Es ist somit irrelevant, ob, wie und was Tiere einer Spezies fühlen und erleben, sondern es obliegt allein dem Menschen, welche Eigenschaften er ihnen zuschreibt, welche Rechte er ihnen garantiert, welche Beziehung die menschliche Person zur nichtmenschlichen hat oder eben nicht. Die Diskriminierung innerhalb der Arten, die wir Menschen meistens aus kulturellen Traditionen übernehmen und die die Wissenschaft durch ihre aufgeklärte und vernünftige Vorgehensweise immer mehr zu durchbrechen versucht, trägt den Fachbegriff *Speziesismus*. Dieses Phänomen ist dafür verantwortlich, dass wir manche Tiere bei uns im Bett schlafen lassen und andere in großer Zahl grausam misshandelt und maschinell geschlachtet werden. Und schließlich auch dafür, dass wir uns selbst als Menschen und alle anderen zoologischen Arten als Tiere bezeichnen. Immer öfter setzen sich auch Prominente für ein gesteigertes Bewusstsein für dieses Phänomen in der Gesellschaft ein. Ein Beispiel zeigt Abbildung 11.1., auf der Joaquin Phoenix in einer Anzeige für die Tierschutzorganisation PETA sein halbes Gesicht mit einem Huhn teilt. Er wirbt hiermit für eine Gleichstellung von Nutztieren als fühlende Wesen, gegen Speziesismus und für einen veganen Lebensstil.

Abbildung 11.1: Joaquin Phoenix wirbt für die Tierschutzorganisation PETA für einen veganen Lebensstil.

Rette (d)ein Huhn!

Ein Mensch, der wie kaum ein anderer dazu beiträgt, dass sich auch Hühner aus Sicht der Menschen von namenlosen Lebensmitteln oder Eierproduzentinnen zu geschätzten Familientieren wandeln können, ist Nina Hofstädter vom Verein *Rettet (d)ein Huhn* im niederösterreichischen Hundsheim, wo ich sie schon mehrfach besuchen durfte. Zu Beginn der 2010er-Jahre wollte sie selbst ein paar Hühner aufnehmen. Toni Hubmann, ein bekannter österreichischer Freilandhaltungspionier, klärte sie über die Praktiken der industriellen Hühnerhaltung auf. Nina Hofstädter war über dieses System derart schockiert, dass sie sofort zwanzig Hühner mitnahm. Innerhalb einer Woche hatte sie bereits hundert weitere Hühner im Bekanntenkreis vermittelt. Als später Tonis Betrieb in Konkurs ging, bewerkstelligte Ninas Verein die Vermittlung von rund 9.000 seiner Legehennen. Als unermüdliche Diplomatin zwischen Mensch und Geflügel kümmert sie sich nun als Obfrau um die Abholung ausgedienter Legehennen vor deren planmäßiger Ausstallung. Viel Hilfe hat sie vom Verein *Rettet das Huhn* in Deutschland erfahren, der ihr mit Rat und Tat in der Gründungszeit zur Seite stand. Für den Erfolg der Hühnerrettungen bedarf es auch der Kooperation der jeweiligen Landwirtinnen und Landwirte, die den Verein kontaktieren und ihm Zutritt zu ihren Ställen gewähren. Bevor der Schlachtwagen kommt (was ja erst bei Betrieben ab 2.000 Tieren passiert), ist *Rette (d)ein Huhn* vor Ort und sammelt Hühner in gleicher Zahl ein, wie sich Abnehmerinnen und Abnehmer gemeldet haben.[617]

Die Öffentlichkeitsarbeit, die damit zusammenhängt, soll auch die Bevölkerung über die Hühnerhaltung, wie sie normalerweise praktiziert wird, informieren und Hilfestellung bei Hühnerfragen geben. Für Hennen aus Bodenhaltungsbetrieben gestaltet sich die Rettung schwieriger, da die Hühner aus klimatisierten Ställen kommen und an das Leben in einem sonnigen Gelände mit Freilauf erst langsam gewöhnt werden müssen. Ein beheizter Stall, Spezialfutter, langsame Eingewöhnung an natürliche Lichtverhältnisse und Tageszeiten sind anfangs notwendig. Viele private Hühnerhalter und Hühnerhalterinnen verfügen aber nicht über eine entsprechende Ausstattung.

Erfolgversprechender ist daher die Vermittlung von Freiland- und Biohennen. Bei ihnen kann man davon ausgehen, dass sie zumindest Freigang gewöhnt sind. Da sie aus riesigen Gruppen kommen, verhalten sich solche Legehennen anfangs oft unauffällig. Mit der Zeit zeichnen sich aber auch für uns erkennbar ihre Charaktereigenschaften ab. Denn ob designt oder nicht, jedes Lebewesen ist einzigartig. Und im Falle von Legehybriden auch noch überaus sympathisch.

Wenn Nina Hofstädter Hühner sammeln geht, ist das meistens eine Herausforderung: für den Körper und die Seele. »Am schwierigsten ist es, wenn man zum Ende der möglichen Zahl kommt. Am Anfang nimmt man eher die Hühner, die in einer greifbaren Höhe sitzen. Diese werden später auch gerne auf der Sitzstange schlafen und nicht im Nest. Aber wenn es dann darum geht, dass ich 378 von 380 Hühnern eingesammelt habe und dann nur noch zwei Leben retten kann, hadere ich mit mir: Nehme ich das rechte oder das linke?« Sie gesteht, dass meistens einige Hühner mehr mitkommen. Besonders schwer Verletzte bleiben in ihrem Hühnertierheim Pipiland, das das erste und einzige in Österreich und spendenfinanziert ist, wo die Tiere tierärztlich versorgt und aufgepäppelt werden. Manche werden später noch vermittelt. »Jedes Leben zählt«. Kaum jemand kennt verschiedene Ställe und die Praxis der Ausstallungen so gut wie Nina. Sie nimmt außerdem die Landwirte in Schutz: »Die wollen das alles am allerwenigsten. Die meisten hätten am liebsten, dass wir alle ihre Hühner gut weitervermitteln.« Wenn diese übersiedelt sind, beginnen sie ihr neues Leben unter guten Bedingungen und legen auch noch einige Jahre Eier. Die älteste Henne in Pipiland wurde 9 Jahre alt. Mithilfe des Vereins wurden bisher (2022) rund 100.000 Hühner vermittelt.

Trotz der erfreulichen Bewegungen hin zum eigenen Huhn sollte nicht vergessen werden, dass all die fleißigen Hennen, egal ob Rasse oder gerettetes Legehybridhuhn, im Schnitt je einen Bruder hatten. Wer einen Hahn oder mehrere halten will, braucht entsprechend mehr Platz und geduldige Nachbarn. Die meisten Bruderhähne werden geschlachtet, eine Vermittlung ist schwierig – nicht zuletzt, weil die Haltung eines Hahns für viele gar nicht möglich ist oder weil sie systembedingt bereits als Eintagsküken getötet werden.

Geflügelte Therapeuten

Kinder, die einen intuitiven Zugang zur Natur und anderen Lebewesen haben, unterscheiden nicht zwischen Nutz- und Heimtieren. Hühner finden ausgesprochen häufig Einsatz in tiergestützten Therapien. Im Ranking der tierischen Co-Therapeuten belegen sie offiziell zwar nur Platz neun, doch sind sie vielen Autorinnen häufig kaum eine explizite Erwähnung wert, obwohl ihr Einsatz auffällig oft durch Fotos in Büchern dokumentiert ist.[618] Andere bezeichnen Hühner als »ideale Interaktionspartner«.[619] Auf Therapiehöfen arbeiten ihre gefiederten Co-Therapeuten mit Mehrfachbehinderten, Alten und Kranken, Kindern mit ADHS und solchen im Autismusspektrum. Hühner lassen einfach niemanden kalt, man kann sich mit allen Sinnen auf sie einlassen. Besonders aufregend wird es, wenn sie Körperkontakt suchen und man den harten Schnabel, die rauen Füße und den Kamm fühlen kann. Hühner sorgen immer für Gesprächsstoff und fördern somit auch die Kommunikation.[620]

Allein das Beobachten der Tiere fesselt und erfreut Kinder schon. Hühner sind die meiste Zeit aktiv und in Bewegung, sie sind den größten Teil des Tages beschäftigt und haben außerdem ein großes stimmliches Repertoire. Sie reagieren auf Ansprache und sehen Menschen direkt in die Augen. Quirlige Kinder kommen mithilfe von Hühnern zur Ruhe, weil diese unmittelbar auf das menschliche Verhalten reagieren. Wird es zu laut, zu schnell oder grob, werden die Tiere die Flucht ergreifen. Die Kinder müssen also selbst einmal zur Ruhe kommen und werden mit der Annäherung der Hühner belohnt. Aber auch schüchterne, zurückhaltende Kinder können leicht in Kontakt treten.[621]

Ich konnte selbst in der Praxis schon öfter das Phänomen beobachten, wie Hühner auf Kinder wirken. Als ich während eines Sommerprogramms regelmäßig Kinder in das Hühnergehege begleitete, wollten diese zuerst losstürmen, um die Hühner zu fangen. Man hätte mit etwas Fantasie auch den Jagdtrieb erkennen können, denn Hühnerfangen bedeutet meistens zuerst einmal Hühnerjagen. Ich bot den Kindern stattdessen an, die Hühner für sie zu fangen, damit auch wirklich jede und jeder mit den Vögeln in Kontakt treten konnte. Ein besonders lebhaftes Brüderpaar im Vor- und Volksschulalter, das die meiste Zeit Unfug trieb, bekam zu zweit eine Paduanerhenne. Die Burschen setzten sich in die Wiese, der Jüngere hielt das Huhn sehr vorsichtig und begann, es zu streicheln. Nach kurzer Zeit blieb das Huhn von selbst sitzen, er hielt es nicht mehr fest. Huhn und Mensch verschmolzen zu einer harmonischen Einheit, ich konnte nur staunen. Doch schließlich, nach etwa zehn Minuten, gab der Junge dem älteren Bruder die Henne und stand auf, um wieder spielen zu gehen. So saß nun der andere mit dem Tier auf dem Schoß, ebenso ruhig, und streichelte es. Von nun an wollten die beiden Buben täglich die Hühner besuchen, so wie alle anderen Kinder auch: die lauten und die leisen, die wilden und die schüchternen.

Auf viele Menschen unterschiedlichen Alters scheinen Hühner eine therapeutische Wirkung zu haben[622]: Viele (und da gehöre auch ich dazu) sagen, dass die Gesellschaft ihres Federviehs sie nachhaltig beruhige und eine Viertelstunde zwischen Hühnern zu sitzen, die beste Art sei, um den Tag ausklingen zu lassen. »Auf eine seltsame Weise scheinen Hühner stets zu wissen, wenn man sich niedergeschlagen oder deprimiert fühlt«, schreibt Melissa Caughey in ihrem Buch *How to Speak Chicken.*[623] Sie berichtet davon, wie ihr neunjähriger Sohn, als er in der Schule gemobbt wurde, am Nachmittag direkt zu den Hühnern ging. »Er setzte sich zu ihnen und erzählte ihnen, was ihn belastete. Sie behielten seine Geheimnisse für sich und er erzählte mir, dass es ihm nachher besser ging.«[624]

Leider fehlt es bisher an fundierten wissenschaftlichen Untersuchungen, warum und wie Hühner auf Menschen wirken. Einige Autorinnen schöpfen jedoch aus dem Knowhow jahrelanger Praxis und nennen Gründe, warum die Arbeit mit Hühnern ihrer Meinung nach so wertvoll ist. Sie meinen, dass das quirlige Naturell der Hühner beruhigend auf Menschen wirke, weil Hühner auf Bewegung von außen schnell reagieren. Menschen mit lebhaftem Wesen identifizieren sich rasch mit flinken Hühnern. Die Herausforderung liege dann darin, den Tieren mit Ruhe zu begegnen.[625]

Man würde meinen, dass solch positive Erfahrungen mit

Hühnern den regelmäßigen pädagogisch-therapeutischen Einsatz in Bildungseinrichtungen, wo eigentlich großer Bedarf an beruhigenden Einflüssen auf quirlige Kinder besteht, bereits eingeläutet hätten. Doch dem ist mitnichten so, wenn man von landwirtschaftlichen Fachschulen absieht. Natürlich ist es nicht immer leicht, die Haltung lebender Tiere mit Wochenenden und Ferien in Einklang zu bringen. Vereinzelt findet man – vor allem an Volksschulen – Schulhühner, die gemeinsam von Lernenden, Eltern und Lehrenden betreut werden. Das Internet ist voll von begeisterten Berichten. Was leider auch immer mehr Furore an Schulen macht, sind Brutprojekte.[626] Dabei brütet man einige Eier in einem Brutautomaten aus, schiert, also durchleuchtet, dazwischen die Eier mit einer starken Lampe, um die Entwicklung der Küken zu beobachten, freut sich, wenn sie schlüpfen. Man füttert sie noch ein paar Tage, vielleicht auch Wochen und dann …? Was nachher passiert, bleibt oft im Dunkeln. An den Schulen bleiben die Tiere im Normalfall nicht, auch weil statistisch damit zu rechnen ist, dass die Hälfte der Küken männlich ist. So kommen die putzigen Jungen häufig zu einer Landwirtschaft, wo sie dann später geschlachtet werden. Nur selten wird das Schicksal der Küken oder der Hähne im Allgemeinen diskutiert, und dass sie ohne Mutter aufwachsen müssen, ebenso wenig. Häufig wird dann argumentiert, dass man den Kindern ja das wahre Leben beibringen wolle, also wie Hühner »nun mal behandelt« werden. Aber ist es denn in Stein gemeißelt, dass die nächste Generation die Dinge genauso angehen wird wie die vor ihnen …?

Der schulische Einsatz von Hühnern ist vielseitig. Einerseits können Hennen und Hähne einen wichtigen Beitrag zur Nachhaltigkeitsbildung leisten, andererseits helfen sie, Sensibilität für die Art per se und Nutztiere im Allgemeinen zu entwickeln.[627] Nicht zuletzt, weil eine gute Bindung zu einer Tierart nachhaltig die Einstellung zu dieser und den Umgang mit ihren Vertretern verändern kann.[628] Als Brücke zwischen Individuum und Art können Tiere im Unterricht dabei eine maßgebliche Rolle spielen, besonders, um die Empathie gegenüber nichtmenschlichen Spezies zu fördern. Lebende Tiere können hierfür auch nicht durch Videos oder interaktive Spiele ersetzt werden.[629] Hühner können darüber hinaus auch klassisch als Modellorganismen im Biologieunterricht, und hier besonders für Beobachtungen in der Verhaltensbiologie eingesetzt werden.[630] Dazu müssen es nicht immer eigene Schulhühner sein, auch der Besuch außerschulischer Lernorte bereichert und wirkt stark motivierend: Lebende Tiere sind in jedem Fall ein Gewinn für den Unterricht.[631]

Es gibt außerdem noch großen Aufholbedarf bei den Grundkenntnissen von Jugendlichen in Sachen Huhn, wie mehrere Studien zeigten. So meinten Kinder, der Hahn krähe uns Menschen zuliebe und Hennen legten mehrere Eier am Tag.[632] Auch solche Wissensinhalte lassen sich in Gegenwart einer Hühnerschar nachhaltiger vermitteln.

Kinder und Jugendliche wirken häufig auf ihre Familien und deren Konsumgewohnheiten ein und fungieren daher als Multiplikatorinnen und Multiplikatoren eines anderen Lebensstils.[633] Im Hinblick auf die Bedeutung junger Menschen für den Konsum von morgen ist das Thema Nutztiere und der Einfluss der Verbraucherinnen und Verbraucher auf deren Haltungsbedingungen von unschätzbar großem Wert.[634] Obwohl ihnen diese Themen am Herzen liegen, fehlt jungen Menschen oft noch das Verständnis, wie sie zu einer Verbesserung der Lebensumstände von Nutztieren direkt und indirekt beitragen können.[635] Es ist daher auch Aufgabe der schulischen Bildung, die nächsten Generationen mit der Sensibilität und dem Wissen über die eigene Selbstwirksamkeit auszustatten, um ein bewusstes Konsumverhalten zu fördern.[636]

Backyard Chicken Movement oder **Hen craze II**

Was heute aber keine Seltenheit mehr ist, ist, dass man in Schulklassen Lernende antrifft, die sich besonders gut mit Hühnern auskennen: Abgesehen davon, dass die meisten Kinder interessiert an Tieren sind, haben immer mehr Familien selbst Hühner zu Hause. Die Gründe dafür sind mannigfaltig. Bewusster Konsum und die Abkehr von industrieller Tierhaltung gehören jedenfalls zu den oft genannten. Für andere tieraffine Menschen klingt Hühnerhaltung einfach nach einem interessanten neuen Hobby mit Eiern als Belohnung. Wirtschaftliche Gründe können hingegen eher ausgeschlossen werden: Was bis in die Nachkriegszeit hinein noch als krisensicheres Selbstversorgermodell galt, kann heute nicht mehr als solches fungieren. Bei den gestiegenen Ansprüchen an die Legeleistung können unsere modernen Hühner nicht mehr nur mit Küchenabfällen ernährt werden, sondern brauchen Körnerfutter, oft zusätzliche Vitamine und Mineralstoffe. Auch die architektonisch mitunter anspruchsvollen Hühnerställe und -gehege sind in ihrer Errichtung nicht unbedingt billig. Kurzum: Das Ei vom eigenen Huhn kann in kleinen Hobbyhaltungen normalerweise nicht billiger produziert werden als das Ei aus dem Supermarkt. Aber das muss es ja auch nicht.

Wer die Tageszeitungen aufmerksam liest, stolpert immer wieder über Artikel mit Titeln wie *Trend: Hühner im eigenen Garten* oder *Ein Leben ohne Huhn? Niemals!*, in denen sich Menschen auf den aktuellen Trend persönlich einlassen und über ihre Erfahrungen schreiben. 2009 wurde das Huhn im *New Yorker* als der Vogel schlechthin gekürt[637], seit 2014 sind in Frankreichs Zoohandlungen Zubehör und Futter, ja sogar Hühner zu bekommen.[638] Verlässliche oder offizielle Zahlen zu dieser alten/neuen Mode, die in englischsprachigen Medien als *backyard chicken movement* gehandelt wird, gibt es leider nicht. Doch kann man sich anhand der Zahl der themenspezifischen Gruppen in sozialen Medien und den dort geführten Diskussionen ein gutes Bild machen, wie es um die Bewegung steht: Hühner boomen.

In dem Moment, wo wir Tieren Namen geben, erkennen wir ihnen einen anderen Stellenwert zu, wir bauen eine Beziehung auf, beschützen sie vor Gefahr und Tod und sprechen ihnen gewisse Rechte zu.[639] In Kleingruppen gehaltene Hühner bekommen häufig Namen.[640] Man spricht nicht mehr von *einem Huhn*, sondern von Flocke, Krümel, Henriette oder Walpurga. Manche Hühner werden dann sogar namentlich in den Medien erwähnt, wie Güggel und Maurice, die durch ihr Krähen Gerichtsverfahren provoziert und eine Diskussion über das Hahnenkrähen als Sinneserbe angestoßen haben, wie bereits erzählt. Mit einem Namen verleihen wir einem Lebewesen das Prädikat der Einzigartigkeit[641] – zu einem Namen gehört ein Gesicht.[642]

Zweifellos gab es in der Geschichte der Menschheit schon viele, wenn nicht unzählige Hühner, die von ihren Menschen geliebt wurden wie sonst nur Hunde oder Katzen. Ein gut verheilter Knochenbruch bei einer Henne aus dem englischen Weston Down, der zeitlich auf das 4./3. Jh. v. Chr. zurückgehen soll, deutet auf menschliche Pflege hin.[643] Der früheste namentliche Beleg ist die Henne Roma, die dem weströmischen Kaiser Honorius gehörte (384–423 n. Chr.).[644] Doch machten auch schon Hunderte Jahre früher die Römer großes Aufhebens um ihre Hühner. Die Agrarautoren Varro und Columella beschrieben schon vor 2.000 Jahren, was bei der Hühnerhaltung zu beachten sei. Dieser Ratgeber steht den heutigen inhaltlich in nichts nach: Im Gegenteil gaben sich die Römer noch mehr Mühe, ihre Hühner gesund und bei Laune zu halten. Belegt sind antike veterinärmedizinische Therapien gegen Infekte, Hühnerschnupfen, Milben und Federlinge.[645] Ob dies aus rein ökonomischen Gründen passierte, sei nun dahingestellt.[646]

Mit dem Zerfall des Römischen Reiches wurde es still um die Hühnerzucht. In den warmen und gemäßigten Zonen Europas breitete sich das Huhn langsam, aber stetig aus. Eier waren spärlich, auch waren die mittelalterlichen Hühner deutlich kleiner als die Prachtexemplare, die aus den römischen Erfolgszüchtungen hervorgegangen waren.[647] Erst um 1800 begann in Europa ein wahrer Hype der Hühnerzucht. Durch besseres Verständnis der Vererbungsregeln versuchte man fortan, Hühner für verschiedene Zwecke gezielt zu züchten. Am Anfang waren es wohl noch Kampfhähne, die im Mittelpunkt standen, doch nach dem Verbot des Hahnenkampfs 1848 in England wurden die Erfahrungen rund um die Geflügelzucht auf das Haus- und Ziergeflügel umgelegt. Keine geringere als Queen Victoria bekannte sich in dieser Zeit als Hühnerliebhaberin und fungierte als ultimative Trendsetterin.[648]

Die adelige Sammelleidenschaft schöner und exotischer Hühner breitete sich über Europa und Amerika aus, wo mehrtägige Geflügelschauen das Fieber weiter entfachten. Bald waren alle Gesellschaftsschichten vom Hen Craze »infiziert«. In Folge wurden die ersten Rassestandards festgelegt, Zuchtvereine gegründet und neue, noch schönere, noch größere, oder aber noch kleinere, zierlichere, putzigere Hühnerrassen »kreiert«. Das Huhn wurde zum Kulturgut und Statussymbol. In den 1930er-Jahren wendete sich das Blatt jedoch dramatisch: Erste große Geflügelfarmen entstanden, und die Zuchtbestrebungen strebten punktgenau auf drei Ziele zu: mehr, schneller und billiger.

Unsere Beziehung als Menschheit zu den Hühnern hat sich durch die ständig wachsende Nutzung für Fleisch und Eier nicht nur gewandelt, sondern eher pervertiert. Sicherlich gab es trotzdem immer wieder Hühner, die als Subjekt und nicht als Objekt wahrgenommen und respektiert wurden, über die aber keine Dokumente vorliegen. Indigene Völker in Südamerika, z. B. die Warao am Orinoco und die Kalapalo, halten etwa schon lange Hühner und andere Vögel als Haustiere.[649]

Ein wunderbares Dokument für die Faszination, die man als Mensch für seine Hühner empfinden kann, ist das Buch *Meine Hühner und ich* von Isabella Rossellini, in der sie die Entwicklung der Liebe zu ihren Hühnern und ihre Begeisterung über sie darlegt.[650] Auch die bekannte Bestsellerautorin Sy Montgomery liebt ihre Hühner. Eine spezielle Geschichte ist auch die von Monique, einer Henne, die Guirec Soudée geschenkt bekam und die ihn dann auf seiner Weltumsegelung begleitete. Ob es Monique dabei wirklich an nichts fehlte, sei zwar dahingestellt, doch ist dies zweifellos kurios: Statt der Weltumseglung rückte die ungewöhnliche Freundschaft zwischen Mensch und Huhn in den Mittelpunkt.[651] So geht es auch den meisten Haushalten, die in den letzten beiden Jahrzehnten Hühner in ihren Garten und so in ihr Leben einziehen ließen: Die Hühner werden Teil der Familie.

Im Silicon Valley wird indes so manches Haus-Huhn gar mit selbst genähten Windeln bekleidet.[652] Zeigt die Menschheit so ihre Liebe zum Tier? Wohl eher zu sich selbst, wie auch Nina Hofstädter kommentiert: »A Hendl g'hört auf die Wies'n.« Und recht hat sie. Denn wie wir wissen, ist tiergerecht, was dem Tier gerecht wird. Und das ist ein Leben, das es ihm ermöglicht, seine ureigensten Lieblingsgewohnheiten auszuleben: Scharren und Picken. Ein Huhn schläft lieber auf der Stange als im Bett, auch wenn für ein krankes Tier einmal eine Ausnahme notwendig ist, um es besser umsorgen zu können.

»Das *backyard chicken movement*, die im Moment über die USA und Europa hinwegfegt, ist eine Antwort auf das Stadtleben, das weit von den täglichen Realitäten von Leben und Tod auf einem Bauernhof abgerückt ist, und der Vogel ermöglicht uns einen günstigen und einfachen Weg, wieder an unser verschwindendes ländliches Erbe anzuknüpfen. Dieser Trend mag nicht das Leben oder den Tod von den Milliarden industriell gehaltener Hühner verbessern, aber er könnte unsere Erinnerung an eine uralte, reiche und komplexe Beziehung wiederbeleben, die das Huhn zu unserem wichtigsten Begleiter macht«, schreibt Andrew Lawler in *Why did the chicken cross the world?*[653]

Ist das Hof- und Gartenhuhn also eine neue Mode der liberalen Bourgeoisie[654], ein Ausdruck der neuen Unabhängigkeit bis hin zur Autarkie ob der unruhigen Zeiten?[655] Oder zeigt der Trend einfach unsere angeborene Biophilie, unsere Liebe zu allem Lebendigen? Die Frage lässt sich sicherlich nicht für alle Menschen gleichermaßen beantworten: Jede und jeder kann sich selbst am besten in diesem breiten Spektrum einordnen und benennen, warum Hühner einen selbst faszinieren (oder eben auch nicht). Zweifellos aber ist der Hühnerboom eine Hinwendung zum Huhn als Individuum, das die Menschheit in den letzten Jahrzehnten kollektiv negiert hat. »Hühner können sehr zärtlich sein. Sie sind fröhlich, freundlich und verbringen gerne Zeit mit dir. Sie schauen dir in die Augen und haben die bestechende Angewohnheit, ein eigenes Sozialleben zu haben – sie warten nicht darauf, dass du sie von der Langeweile erlöst. Außerdem haben sie die grazilste Art, durchs Gras zu stolpern«, fasst Karen Davis, die Obfrau des amerikanischen Tierschutzvereins *United Poultry Concerns*, ihre Zuneigung zu Hühnern zusammen.[656] Hühner sind intelligente Tiere mit eigener Persönlichkeit, mit erstaunlichen Sinnesleistungen und komplexer Sprache. Und immer mehr von unseresgleichen gelingt es, den individuellen Charakter und das rasche Lernvermögen des Huhns zu erkennen und zu schätzen. Man kann Hühner also einfach ihrer selbst wegen gernhaben und eine Beziehung aufbauen.

Abschließend kann man festhalten:

Hühner werden nicht mehr unterschätzt.

Zumindest einige von ihnen.

Und so kehren wir schließlich wieder zurück zu Reverend Dixon. Er war nur einer in der langen Reihe von Hühnerliebhabern in der Geschichte der Menschheit. In Tutanchamuns Grab zeichnete man einen exotischen Hahn an die Wand, obwohl Hühner mit großer Sicherheit damals noch nicht gezähmt waren.[657] Denn noch lange bevor Hühner auf den Tellern landeten oder bevor sie imstande waren, mehr als zwanzig Eier im Jahr zu legen, fand man sie in etruskischen Haushalten als Augenweide, bei klazomenischen Festbanketten *unter* und nicht *auf* dem Tisch, wo sie – gemeinsam mit Katzen und anderem Hausgetier – die Reste des Festmahls aufpickten.[658] Nur die herausragendsten Kelten und Awaren bekamen einen Hahn oder eine Henne mit auf den Weg ins Totenreich[659], und nicht dem Kochtopf, sondern Merkur, Isis und Mithras waren die Hühner in der frühen Römerzeit als Opfer vorbehalten.[660] Wer das Hühnerorakel vor dem Kampf nicht akzeptierte, hatte mit einer sofortigen Strafe durch die Götter zu rechnen.[661] Begeisterung fanden die Griechen und Römer bei Hahnenkämpfen, die nicht selten die Zukunft voraussagen sollten.[662] Tausend Jahre lang wurden Hühner in Europa als Vermittler zwischen Diesseits und Jenseits, Tag und Nacht, Gut und Böse, Geburt und Tod verehrt, bis die Römer langsam damit begannen, Hühner auch ihres Fleisches und später ihrer Eier wegen zu halten.[663] Der Trend zum eigenen Huhn, wie wir ihn heute erleben, führt uns mitunter zurück an die ganz frühen Anfänge unseres gemeinsamen Zeitalters. Unglaubliche Wendungen hat die Beziehung zwischen Mensch und Huhn in den letzten 3.500 Jahren durchgemacht. Aber diese Geschichte muss ein andermal erzählt werden.

13 DINGE …
(ANSTELLE EINES NACHWORTS)

Bei der Lektüre dieses Buchs, die Ihnen hoffentlich Freude bereitet hat, haben Sie vermutlich oft an Ihre eigenen Hühner gedacht oder aber daran, sich einmal welche zulegen zu wollen. Rückblickend auf die Erkenntnisse aus der Recherche zu diesem Werk und auf meine persönlichen Erfahrungen, möchte ich Interessierten noch einige wenige Tipps geben. Sie kommen meiner Meinung nach in Ratgebern, zu denen dieses Buch genau genommen nicht gehört, oft zu kurz. Es ist mir aber ein Bedürfnis, explizit auf manches hinzuweisen, weil viele Menschen und Hühner in meiner Umgebung unter Problemen zu leiden hatten, die vermeidbar gewesen wären. Lesen Sie also ruhig noch weiter.

- Kaufen Sie sich einen guten Ratgeber. Lassen Sie sich dabei von Leuten beraten, die schon Hühner haben.
- Sprechen Sie mit Leuten in Ihrer Umgebung, die schon Hühner haben. Sie wissen über die lokalen Gegebenheiten wahrscheinlich Bescheid und haben entsprechende Erfahrungen gesammelt.
- Nehmen Sie nicht gleich alle Hühner auf einmal. Es könnten noch welche dazukommen und unterschiedliche Generationen sind eine Bereicherung.
- Unterschätzen Sie die Raubtiere nicht. Egal, wo Sie wohnen!
- Investieren Sie in einen Elektrozaun und eine automatische Hühnerklappe …, falls Sie die Raubtiere doch unterschätzen.

- Seien Sie gut vorbereitet auf das Schlimmste ... und das ist: Stallpflicht.
- Schenken Sie Ihren Nachbarn gelegentlich ein paar Eier, denn Hühner sind laut.
- Informieren Sie sich über die behördlichen Auflagen, denn Hühner sind laut.
- Achten Sie anfangs auf genug Licht im Stall, sonst finden Ihre Hühner nachts nicht auf die Stange.
- Machen Sie Ihre Hühner glücklich, dann sind Sie es auch: Sandbad, Scharren, Sonnenbad!
- Hühner brauchen kaltes, frisches Wasser: einen Katzentrinkbrunnen im Sommer, eine Heizplatte im Winter, tägliche Reinigung der Tränken.
- Finden Sie eine Tierärztin, einen Tierarzt, die/der auch Hühner behandelt (Sie werden sie oder ihn brauchen)!
- Lassen Sie sich von Ihrer Umgebung ruhig belächeln, das gehört dazu.

ANHANG

Danksagung

Ich bedanke mich bei Verena Minoggio-Weixlbaumer und Maria Schlager vom Goldegg Verlag dafür, dass sie dieses Buch stets gefördert und mich in allen Fragen bestens unterstützt haben, sowie Ulrike Moshammer für ihr gewissenhaftes Lektorat und ihre wertvollen Anregungen.

Mein Dank gilt ganz besonders Petra Radeczki, die mir mit Rat und Tat in allen inhaltlichen, sprachlichen, orthographischen und moralischen Fragen beigestanden ist und als Erstleserin für das Gelingen dieses Werks unverzichtbar war. In Thomas Macho haben zuerst mein Text und dann auch ich einen nicht nur liebenswürdigen, sondern auch prominenten Fürsprecher und Freund gefunden. Ich danke den beiden dafür, dass sie immer an dieses Buch geglaubt und mich darin bestärkt haben, es zu schreiben. Zu ihrem stets wertvollen und -schätzenden Feedback gesellt sich das von Eva Schweiger und Christiane Obermann. Ihr alle wart an der Entwicklung dieses Buchs maßgeblich beteiligt. Danke euch für eure Zeit und ungetrübte Wahrnehmung!

Die größte Verbundenheit und Anerkennung gehören meiner Familie, allen voran Thomas, ohne dessen bedingungslosen Rückhalt ich dieses Buch nicht hätte schreiben können. Danke für dein Gehör, deine Hilfe, die störungsfreie Arbeitsumgebung, die du mir ermöglicht hast, und die unzähligen Tassen des besten Kaffees. Ich bedanke mich auch bei unseren Kindern Laurenz und Sascha: Ihr alle habt meine Launen und geistige Abwesenheit mit bewundernswerter Fassung getragen und dabei nie vergessen, wie lieb wir einander haben.

Mein Dank gilt Isabella Farkasch für ihren wertvollen Rat, ihre ansteckende Gelassenheit und ihr gelungenes Networking.

Ich danke Nina Hofstädter und Martin Wacht für ihre kostbare Zeit und für die freundliche Weitergabe von Information, Wort und Bild, sowie auch Joris Peters, Hanna Marti, Stefan Hörtenhuber, Bernd Kaspers, Kristo Muurimaa und PETA.

Bei Christian Lasar bedanke ich mich für unsere ersten Hühner und die ersten spannenden Hühnerfakten, dich mich so neugierig gemacht haben.

Schließlich bedanke ich mich bei Abby, Altona, Astra, Auralia, Brienne, Bruce, Cherokee, Cinnamon, Dakota, Eelin, Enna, Falbala, Ginger, Gundula, Gunilla, Helga, Hinata, Iliane, Ina, Iroquois, Josephine, Kimberly, Konoha, Lori, Marijke, Margret, Morelle, Pernilla, Polly, Rapace, Sakura, Smilla, Svenja, Trixie, Vivienne, Vola, Vroni und Wiebke für ihr allumfassendes Interesse, ihre Eigenheiten und ihre unermüdliche Art, mich daran zu erinnern, dass dieses Buch geschrieben werden musste.

Literaturempfehlungen

Ratgeber:

Schiffer, Katrin Juliane und Carola Hotze: Hühner halten. Artgerecht und natürlich. 2017, Stuttgart: Franckh-Kosmos Verlag.

Höck, Robert: Happy Huhn 2.0 – Das Buch zur YouTube-Serie. Von dem Vergnügen, glückliche Hühner halten zu dürfen. 2021, München: Cadmos Verlag.

Sach- und Fachliteratur:

Nicol, Christine J.: The behavioural biology of chickens. 2015, Wallingford: CABI.

Emery, Nathan: Bird Brain. Vögel mit Köpfchen. Die Erforschung gefiederter Intelligenz. 2017, Hamburg: National Geographic.

Lawler, Andrew: Why did the chicken cross the world? The epic saga of the bird that powers civilization. 2016, London: Duckworth Overlook.

Rude, Emelyn: Tastes like chicken. A history of America's favourite bird. 2017, New York: Pegasus Books.

Marino, Lori: The inconvenient truth about thinking chickens. 2017, Animal Sentience 2 (17). doi: 10.51291/2377-7478.1211.

Montgomery, Sy: Birdology. Adventures with hip hop parrots, cantankerous cassowaries, crabby crows, peripatetic pigeons, hens, hawks, and hummingbirds. 2011, New York: Free Press.

Youtube:

Happy Huhn – Robert Höck.

Literaturverzeichnis

Abeyesinghe, Siobhan M., Julian A. Drewe, Lucy Asher, Christopher M. Wathes, und Lisa M. Collins. 2013. Do hens have friends? Applied Animal Behaviour Science 143 (1): 61–66.

Abeyesinghe, Siobhan M., Morven A. McLeman, Rachael C. Owen, Claire E. McMahon, und Christopher M. Wathes. 2009. Investigating social discrimination of group members by laying hens. Behavioural Processes 81 (1): 1–13.

Abeyesinghe, Siobhan M., Christine J. Nicol, S. J. Hartnell, und C. M. Wathes. 2005. Can domestic fowl, Gallus gallus domesticus, show self-control? Animal behaviour 70 (1): 1–11.

Ackerman, Jennifer. 2016. The Genius of Birds. London: corsair.

Agnvall, Beatrix, A. Ali, S. Olby, und Per Jensen. 2014. Red Junglefowl (Gallus gallus) selected for low fear of humans are larger, more dominant and produce larger offspring. Animal: an international journal of animal bioscience 8 (9): 1498–1505.

Agnvall, Beatrix, Johan Bélteky, und Per Jensen. 2017. Brain size is reduced by selection for tameness in Red Junglefowl- correlated effects in vital organs. Scientific reports 7 (1): 3306.

Agnvall, Beatrix, Johan Bélteky, Rebecca Katajamaa, und Per Jensen. 2018. Is evolution of domestication driven by tameness? A selective review with focus on chickens. Applied Animal Behaviour Science 205: 227–233.

Akrim, Faraz, Tariq Mahmood, Muhammad Siddique Awan, Siddiqa Qasim Butt, Durr-e Shawar, Muhammad Arslan Asadi, und Imad-ul-din Zangi. 2016. Habitat preference and roosting behaviour of the Red Junglefowl Gallus gallus (Aves: Galliformes: Phasianidae) in Deva Vatala National Park, Azad Jammu & Kashmir, Pakistan. Journal of Threatened Taxa 8 (9): 9138.

Albert Schweitzer Stiftung. Europäische Masthuhn Initiative. https://albert-schweitzer-stiftung.de/unsere-arbeit/masthuhn-initiative. Zugegriffen: 2. Oktober 2022.

Aldrovandi, Ulisse und L. R. Lind. 1600/ 1963 / 2012. Aldrovandi on chickens. The ornithology of Ulisse Aldrovandi. Norman, Oklahoma: University of Oklahoma Press; Univ Of Oklahoma Press.

Ali, Ahmed und Kimberly M. Cheng. 1985. Early egg production in genetically blind (rc/rc) chickens in comparison with sighted (Rc+/rc) controls. Poultry science 64 (5): 789–794.

AMA. 2019. AMA-Gütesiegel-Richtlinie Hendlmast.

Appleby, Michael C., Joy A. Mench, und Barry O. Hughes. 2004. Poultry behaviour and welfare. Wallingford, Oxfordshire, UK, Cambridge, MA, USA: CABI Pub.

Backett-Milburn, Kathryn, Wendy Wills, Mei-Li Roberts, und Julia Lawton. 2010. Food and family practices: teenagers, eating and domestic life in differing socio-economic circumstances. Children's Geographies 8 (3): 303–314.

Baéza, Elisabeth, Cécile Arnould, Maamer Jlali, Pascal Chartrin, Verane Gigaud, Frederic Mercerand, C. Durand, Karine Méteau, Elisabeth Duval, und Cécile Berri. 2012. Influence of increasing slaughter age of chickens on meat quality, welfare, and technical and economic results. Journal of animal science 90 (6): 2003–2013.

Bai, Heesoon und Serena Romanycia. 2012. Learning From Hermit Crabs, Mycelia, and Banyan. In International Handbook of Research on Environmental Education, Stevenson, Robert B.; Brody, Michael; Dillon, Justin; Wals, Arjen E.J., 101–107. Hoboken: Taylor and Francis.

Baiao, Nelson C., J. Mendez, J. Mateos, M. García, und G. G. Mateos. 1999. Pigmenting Efficacy of Several Oxycarotenoids on Egg Yolk. Journal of Applied Poultry Research 8 (4): 472–479.

Baier, Ann. 2015. Tipsheet: Organic Poultry Production for Meat and Eggs.

Banks, Edwin M. 1956. Social Organization in Red Jungle Fowl Hens (Gallus Gallus Subsp.). Ecology 37 (2): 239–248.

Barber, Joseph. 2017. The Chicken. A Natural History. Princeton: Princeton.

Barton, Loukas, Brittany Bingham, Krithivasan Sankaranarayanan, Cara Monroe, Ariane Thomas, und Brian M. Kemp. 2020. The earliest farmers of northwest China exploited grain-fed pheasants not chickens. Scientific reports 10 (1): 2556.

Bastian, Brock, Steve Loughnan, Nick Haslam, und Helena R. M. Radke. 2012. Don't mind meat? The denial of mind to animals used for human consumption. Personality & social psychology bulletin 38 (2): 247–256.

Beebe, William. 1926. Pheasants, Their Lives And Homes. Garden City, N.Y.: Doubleday Page & Company.

Beetz, Andrea M., Lynette A. Hart, Brinda I. Jegatheesan, und Naoko Koda. 2018. Children and Companion Animals: Psychosocial, Medical, and Neurobiological Implications.

Bélteky, Johan, Beatrix Agnvall, und Per Jensen. 2017. Gene expression of behaviorally relevant genes in the cerebral hemisphere changes after selection for tameness in Red Junglefowl. PloS one 12 (5): e0177004.

Bennett, Carys E., Richard Thomas, Mark Williams, Jan Zalasiewicz, Matt Edgeworth, Holly Miller, Ben Coles, Alison Foster, Emily J. Burton, und Upenyu Marume. 2018. The broiler chicken as a signal of a human reconfigured biosphere. Royal Society open science 5 (12): 180325.

Bennett, Richard, Philip Jones, Christine J. Nicol, Richard Tranter, und Claire Alexandra Weeks. 2016. Consumer attitudes to injurious pecking in free-range egg production. Animal Welfare 25 (1): 91–100.

Benson, Etienne S. 2016. Naming the Ethological Subject. Science in context 29 (1): 107–128.

Bergler, Manuela und Martina Ramsbacher. 2011. Hühnerhaltung im Obst- und Weinbau. Praxisanalyse mittels Feldforschung in Österreich und Südtirol. Masterarbeit.

Berry, Wallace D. 2003. The physiology of induced molting. Poultry science 82 (6): 971–980.

Bessei, Werner. 2004. Genetische Beeinflussung des Verhaltens beim Geflügel.

Bessei, Werner. 2020. Enrichment for broilers and turkeys -from theoretical consideration to practical application.

Bessei, Werner und Klaus Reiter. 2009. Verhalten von Hühnern. In Nutztierethologie, Hoy, Steffen, 204–223. Stuttgart: UTB GmbH.

Best, Julia, Sean Doherty, Ian Armit, Zlatozar Boev, Lindsey Büster, Barry Cunliffe, Alison Foster, Ben Frimet, Sheila Hamilton-Dyer, Tom Higham, Ophélie Lebrasseur, Holly Miller, Joris Peters, Michaël Seigle, Caroline Skelton, Rob Symmons, Richard Thomas, Angela Trentacoste, Mark Maltby, Greger Larson, und Naomi Sykes. 2022. Redefining the timing and circumstances of the chicken's introduction to Europe and north-west Africa. Antiquity 96 (388): 1–15.

Bezeljak, Petra, Martin Scheuch, und Gregor Torkar. 2020. Understanding of Sustainability and Education for Sustainable Development among Pre-Service Biology Teachers. Sustainability 12 (17): 6892.

Binngießer, Janine und Christoph Randler. 2011. Tierschutz – (k)ein Thema für den Biologieunterricht? Biologie Lehren und Lernen – Zeitschrift für Didaktik der Biologie, (18): 23–42.

BIO Austria. Der Hahn, die Henne und das Ei- neue Entwicklungen am Eiersektor. https://www.bio-austria.at/a/bauern/bruderhahn-neue-entwicklung-am-eiersektor/. Zugegriffen: 1. September 2021.

BioSuisse. 2022. Markt Bio-Poulet. https://www.bioaktuell.ch/fileadmin/_processed_/9/b/csm_2022_04_Onepager_Gefluegel_2d78d47da3.png. Zugegriffen: 2. November 2022.

Birkhead, Timothy R. und Tommaso Pizzari. 2002. Postcopulatory sexual selection. Nature reviews. Genetics 3 (4): 262–273.

Bisenberger, Agnes und Didone Frigerio. 2012. Biene Maja zeigt uns ihre Welt. von einer Projektidee zur angewandten Methodik tiergestützter Vermittlungsarbeit mit Kleintieren. ÖKO-L 34 (2): 29–35.

BLE. 2021. Bericht zur Markt- und Versorgungslage Fleisch 2021.

Blumencron. 1894. Hühner als Mäusefänger. Mittheilungen des Ornithologischen Vereines in Wien.

BLW. 2021. Agrarbericht Schweiz 2020.

BLW. 2021. FAQ – Infografik Eiermarkt.

BMEL. 2022. Kennzahlen des deutschen Eiermarktes.

Bogner, Franz X., Florian G. Kaiser, Thomas Heyne, und Christoph Randler. 2019. Die Wirkung von Biologieunterricht auf verantwortungsbewusstes Verhalten zu umweltgerechter Nachhaltigkeit (Environmental Literacy). In Biologiedidaktische Forschung: Erträge für die Praxis, Groß, Jorge; Hammann, Marcus; Schmiemann, Philipp; Zabel, Jörg, 209–226. Berlin, Germany: Springer Spektrum.

Boissy, Alain, Gerhard Manteuffel, Margit Bak Jensen, Randi Oppermann Moe, Berry Spruijt, Linda J. Keeling, Christoph Winckler, Björn Forkman, Ivan Dimitrov, Jan Langbein, Morten Bakken, Isabelle Veissier, und Arnaud Aubert. 2007. Assessment of positive emotions in animals to improve their welfare. Physiology & behavior 92 (3): 375–397.

Bolotnikova, Marina. 2022. ›They're cooking them alive‹: calls to ban ›cruel‹ killing methods on US farms. https://www.theguardian.com/environment/2022/mar/08/theyre-cooking-them-alive-calls-to-ban-cruel-killing-methods-on-us-farms. Zugegriffen: 12. Oktober 2022.

Bottomley, Ewan und Steve Loughnan. 2017. Chickening out of change: Will knowing more about thinking chickens change public perceptions? Commentary on Marino on Thinking Chickens. Animal Sentience (.058).

Bovšková, Helena, Kamila Míková, und Zdenka Panovská. 2014. Evaluation of Egg Yolk Colour. Czech J. Food Sci. 32 (3): 213–217.

Bowman, Sheridan. 1990. Radiocarbon Dating. Interpreting the Past. British Museum Publications.

Boztas, Senay. 2022. ›Unstoppable‹ bird flu epidemic causes growing alarm among Dutch farmers. https://www.theguardian.com/environment/2022/sep/14/unstoppable-bird-flu-epidemic-causes-growing-alarm-among-dutch-farmers. Zugegriffen: 27. September 2022.

Bradshaw, Richard Harry. 1992. Conspecific discrimination and social preference in the laying hen. Applied Animal Behaviour Science 33 (1): 69–75.

Bradshaw, Richard Harry und Marian Stamp Dawkins. 1993. Slides of conspecifics as representatives of real animals in laying hens (Gallus domesticus). Behavioural Processes 28 (3): 165–172.

Brämer, Rainer, Hubert Koll, und Hans-Joachim Schild. 2016. 7. Jugendreport Natur 2016. Erste Ergebnisse. Natur Nebensache?

Brickle, Nick W., J. W. Duckworth, Andrew W. Tordoff, Colin M. Poole, Robert Timmins, und Philip J. K. McGowan. 2008. The status and conservation of Galliformes in Cambodia, Laos and Vietnam. Biodiversity and Conservation 17 (6): 1393–1427.

Brisbin, I. Lehr. und A. Townsend Peterson. 2007. Playing chicken with red junglefowl: identifying phenotypic markers of genetic purity in Gallus gallus. Animal Conservation 10 (4): 429–435.

Brisson, Marthurin-Jacques. 1760. Ornithologie. Paris: Ad Ripam Augustinorum, apud Cl. Joannem-Baptistam Bauche, bibliopolam, ad Insigne S. Genovesae, & S. Joannis in Deserto.

Buller, Henry, Harry Blokhuis, Per Jensen, und Linda Keeling. 2018. Towards Farm Animal Welfare and Sustainability. Animals: an open access journal from MDPI 8 (6).

Bump, Gardiner und Wayne H. Bohl. 1961. Red Junglefowl and Kalij Pheasants. Washington.

Bundesanstalt für alpenländische Landwirtschaft (Hrsg.). 2003. Stallbau – Stallklima – Tierhaltung in biologischen Betrieben – Genehmigungsverfahren.

Bundesverband Mobile Geflügelhaltung e.V. Was ist«Mobile Geflügelhaltung«. https://mein-mobil-ei.de/bvmg_extern/mobile-gefluegelhaltung/. Zugegriffen: 14. Oktober 2022.

Burish, Mark J., Hao Yuan Kueh, und Samuel S-H Wang. 2004. Brain architecture and social complexity in modern and ancient birds. Brain, behavior and evolution 63 (2): 107–124.

Byrd, Elizabeth, Nicole Olynk Widmar, und Joan Fulton. 2017. Of Fur, Feather, and Fin: Human's Use and Concern for Non-Human Species. Animals: an open access journal from MDPI 7 (3).

C. Colmar. 2022. Les poules. stars des jardins. https://c.colmar.fr/les-poules/. Zugegriffen: 26. Oktober 2022.

Campo, José Luis, Maria García Gil, und Sara García Dávila. 2005. Effects of specific noise and music stimuli on stress and fear levels of laying hens of several breeds. Applied Animal Behaviour Science 91 (1-2): 75–84.

Caughey, Melissa. 2018. How to speak chicken. Warum Ihre Hühner tun, was sie tun, und sagen, was sie sagen. Bern: Haupt Verlag.

CBS News. 2020. Nearly 300000 Chickens died. https://www.cbsnews.com/news/nearly-300000-chickens-die-new-jersey-fire-red-bird-egg-farm-2020-07-21/. Zugegriffen: 26. Oktober 2022.

Chapot, Lorraine, Louise Whatford, Polly Compston, Mehroosh Tak, Soledad Cuevas, Maria Garza, Houda Bennani, Hassaan Bin Aslam, Mathew Hennessey, Georgina Limon, Kevin Queenan, Guillaume Fournié, Nikolaos Dadios, und Barbara Häsler. 2021. A Global Media Analysis of the Impact of the COVID-19 Pandemic on Chicken Meat Food Systems: Key Vulnerabilities and Opportunities for Building Resilience. Sustainability 13 (16): 9435.

Chiandetti, Cinzia und Giorgio Vallortigara. 2011. Chicks like consonant music. Psychological Science 22 (10): 1270–1273.

Christensen, Allen C. und Andrew D. Knight. 1975. Observations on the Effects of Music Exposure to Growing Performance of Meat-Type Chicks. Poultry science 54 (2): 619–621.

Claes, Raf, Pieter G. G. Muyshondt, Joris J. J. Dirckx, und Peter Aerts. 2018. Do high sound pressure levels of crowing in roosters necessitate passive mechanisms for protection against self-vocalization? Zoology (Jena, Germany) 126 (dool): 65–70.

Coeckelbergh, Mark und David J. Gunkel. 2014. Facing Animals: A Relational, Other-Oriented Approach to Moral Standing. Journal of Agricultural and Environmental Ethics 27 (5): 715–733.

Cole, Keegan Ethan, Kimberly Marie Zielinski, und Lindsey Anne DeLuca. 2014. Designing a Mobile Chicken Coop.

Collias, Nicholas E. 1952. The development of social behavior in birds. The Auk 69 (2): 127–159.

Collias, Nicholas E. 1987. The vocal repertoire of the Red Junglefowl: a spectrographic classification and the code of communication. The Condor 89 (3): 510.

Collias, Nicholas E. und Elsie C. Collias. 1967. A field study of the Red Jungle Fowl in North-Central India. The Condor 69 (4): 360–386.

Collias, Nicholas E. und Elsie C. Collias. 1996. Social organization of a red junglefowl, Gallus gallus, population related to evolution theory. Animal behaviour 51 (6): 1337–1354.

Collias, Nicholas E. und Pairath Saichuae. 1967. Ecology of the Red Jungle Fowl in Thailand And Malaya With Reference to the Origin of Domestication. Nat. Hist. Bull. Siam Soc 22: 189–209.

Collins, Sophie, Björn Forkman, Helle H. Kristensen, Peter Sandøe, und Paul M. Hocking. 2011. Investigating the importance of vision in poultry: Comparing the behaviour of blind and sighted chickens. Applied Animal Behaviour Science 133 (1-2): 60–69.

Colmar Agglomeration. 2021. Des poules pour réduire les déchets. Règlement de participation. https://www.agglo-colmar.fr/sites/default/files/2022-03/operation-poules-reglement-de-participation-maj-03-nov-2021.pdf. Zugegriffen: 16. Oktober 2022.

Compassion Food Business. 2020. Chicken meat production in the EU. https://www.compassioninfoodbusiness.com/media/5819738/chicken-meat-production-in-the-eu.pdf. Zugegriffen: 12. Oktober 2022.

Compassion in World Farming. 2022. Laying Hens. https://www.compassioninfoodbusiness.com/improving-animal-welfare/laying-hens/. Zugegriffen: 13. Oktober 2022.

Condon, Tomas, I. Lehr Brisbin, und C. Ray Chandler. 2019. Red Junglefowl Introductions in the Southeastern United States: History and Research Legacy. Southeastern Naturalist 18 (1): 37.

Cottee, Stephanie Yue. 2012. Are fish the victims of ›speciesism‹? A discussion about fear, pain and animal consciousness. Fish Physiology and Biochemistry 38 (1): 5–15.

Damerow, Gail. 2012. The chicken encyclopedia. An illustrated reference. North Adams, MA, USA: Storey.

Darwin, Charles. 1859. Die Entstehung der Arten. Ausgabe 1995. Stuttgart: Reclam.

Davies, Jake. 2020. World's egg production grows 25% in 10 years. https://poultry.network/3874-global-egg-consumption-on-the-up/. Zugegriffen: 12. Oktober 2022.

Dávila, Sara García, José Luis Campo, Maria García Gil, Maria Teresa Prieto, und Olga Torres. 2011. Effects of auditory and physical enrichment on 3 measurements of fear and stress (tonic immobility duration, heterophil to lymphocyte ratio, and fluctuating asymmetry) in several breeds of layer chicks. Poultry science 90 (11): 2459–2466.

Dawkins, Marian Stamp. 1988. Behavioural deprivation: A central problem in animal welfare. Applied Animal Behaviour Science 20 (3-4): 209–225.

Dawkins, Marian Stamp. 1989. Time Budgets in Red Junglefowl as a Baseline for the Assessment of Welfare in Domestic Fowl. Applied Animal Behaviour Science (24): 77–80.

Dawkins, Marian Stamp. 1995. How Do Hens View Other Hens? The Use of Lateral and Binocular Visual Fields in Social Recognition. Behaviour 132 (7/8): 591–606.

Dawkins, Marian Stamp. 1998. Through our eyes only? The search for animal consciousness. Oxford: Oxford Univ. Press.

Dawkins, Marian Stamp und Sylvia Hardie. 1989. Space needs of laying hens. British poultry science 30 (2): 413–416.

D'Eath, Richard B. und Marian Stamp Dawkins. 1996. Laying hens do not discriminate between video images of conspecifics. Animal behaviour 52 (5): 903–912.

D'Eath, Richard B. und Linda J. Keeling. 2003. Social discrimination and aggression by laying hens in large groups: from peck orders to social tolerance. Applied Animal Behaviour Science 84 (3): 197–212.

Delacour, Jean. 1964. The Pheasants of the World. Salt Lake Citiy, USA: Allen Publishing Company.

Denzau, Susanne, Christine Nießner, Lesley J. Rogers, und Wolfgang Wiltschko. 2013. The magnetic compass of domestic chickens. Communicative & integrative biology 6 (6): e27096.

Derka, Hedwig. 2021. Gackernde Lehrerinnen: Was Menschen von Hühnern lernen können. Kurier, 30. März.

Desta, Takele Taye. 2019. Phenotypic characteristic of junglefowl and chicken. World's Poultry Science Journal 75 (1): 69–82.

DESTATIS. 2021. Fleischerzeugung 2020 um 1,6 % gegenüber dem Vorjahr gesunken. https://www.destatis.de/DE/Presse/Pressemitteilungen/2021/02/PD21_052_413.html. Zugegriffen: 20. Oktober 2022.

Deutsches Bundesamt für Justiz. Verordnung zum Schutz landwirtschaftlicher Nutztiere und anderer zur Erzeugung tierischer Produkte gehaltener Tiere bei ihrer Haltung (Tierschutz-Nutztierhaltungsverordnung – TierSchNutztV) § 2 Begriffsbestimmungen.

Dharmaretnam, Meena. und Richard J. Andrew. 1994. Age- and stimulus-specific use of right and left eyes by the domestic chick. Animal behaviour 48 (6): 1395–1406.

Dingle, Sheldon. 1985. No Ordinary Chicken... the Red Junglefowl. AFA Watchbird Magazine 12 (3): 20.

Dixon, Edmund Saul. 1851/ 2021. Ornamental and Domestic Poultry: Their History and Managament. (Reprint). London: Gardener's Chronicle / Alpha editions.

Dooling, Robert J., Micheal L. Dent, Amanda M. Lauer, und Brenda M. Ryals. 2008. Functional Recovery After Hair Cell Regeneration in Birds. In Hair Cell Regeneration, Repair, and Protection, Salvi, Richard; Popper, Arthur N.; Fay, Richard R., 117–140. New York: Springer.

Drake, Kelly, Christl A. Donnelly, und Marian Stamp Dawkins. 2010. Influence of rearing and lay risk factors on propensity for feather damage in laying hens. British poultry science 51 (6): 725–733.

Duncan, Ian J.H. 2006. The changing concept of animal sentience. Applied Animal Behaviour Science (100): 11–19.

Duncan, Ian J.H., C. J. Savory, und D.G.M. Wood-Gush. 1978. Observations on the Reproductive Behaviour of Domestic Fowl in the Wild. Applied Animal Ethology (4): 29–42.

Dyce, Keith M., Wolfgang O. Sack, und Cornelis J. Wensing. 1991. Anatomie der Haustiere. Lehrbuch für Studium und Praxis. Stuttgart: Enke.

EC. 2016. Attitudes of Europeans towards Animal Welfare.

EC. 2022. Laying Hens by way of keeping. https://agriculture.ec.europa.eu/document/download/3611ba2e-ad9f-4b39-83db-00be67dc4022_en?filename=laying-hens-keeping-2011-2020_en.xlsx. Zugegriffen: 13. Oktober 2022.

Edgar, Joanne, Suzanne Held, Elizabeth Paul, Isabelle Pettersson, Robbie I'Anson Price, und Christine J. Nicol. 2015. Social buffering in a bird. Animal behaviour 105: 11–19.

Edgar, Joanne L., J. C. Lowe, Elizabeth S. Paul, und Christine J. Nicol. 2011. Avian maternal response to chick distress. Proceedings. Biological sciences 278 (1721): 3129–3134.

Edgar, Joanne L., Elizabeth S. Paul, Lauren Harris, Sarah Penturn, und Christine J. Nicol. 2012. No evidence for emotional empathy in chickens observing familiar adult conspecifics. PloS one 7 (2): e31542.

Eieibio. k. A. Wissenswertes rund um das Ei. https://www.eieibio.de/das-bioei.php. Zugegriffen: 1. Oktober 2022.

Engelmann, Carlheinrich. 1940. Versuche über die »Beliebtheit« einiger Getreidearten beim Huhn. Z. Vergl. Physiol. (Zeitschrift für Vergleichende Physiologie) 27 (5): 525–544.

Engelmann, Carlheinrich. 1942. Über den Geschmackssinn des Huhns. VI. Über angeborene Formvorlieben bei Hühnern. Zeitschrift für Tierpsychologie 5 (1): 42–59.

Erb, Karl-Heinz, Helmut Haberl, Fridolin Krausmann, Christian Lauk, Christoph Plutzar, Julia K. Steinberger, Christoph Müller, Alberte Bondeau, Katharina Waha, und Gudrun Pollack. 2009. Eating the Planet: Feeding and fuelling the world sustainably, fairly and humanely – a scoping study. Vienna.

Eriksson, Jonas, Greger Larson, Ulrika Gunnarsson, Bertrand Bed'hom, Michele Tixier-Boichard, Lina Strömstedt, Dominic Wright, Annemieke Jungerius, Addie Vereijken, Ettore Randi, Per Jensen, und Leif Andersson. 2008. Identification of the yellow skin gene reveals a hybrid origin of the domestic chicken. PLoS genetics 4 (2): e1000010.

EUPHA. 2017. Healthy and Sustainable Diets for European Countries.

Evans, Christopher und David S. Wilson. 2010. Female fowl (Gallus gallus) do not prefer alarm-calling males. Behaviour 147 (4): 525–552.

Evans, Christopher S., J. M. Macedonia, und Peter Marler. 1993. Effects of Apparent Size and Speed on the Response of Chickens, Gallus gallus, to computer-generated stimulation of aerial predators. Animal behaviour (46): 1–11.

FAO. 2018. World livestock. Transforming the livestock sector through the Sustainable Development Goals. Rome: Food and Agriculture Organization of the United Nations.

FAO. 2022. FAOSTAT – Compare data. http://www.fao.org/faostat/en/#compare. Zugegriffen: 2. Oktober 2022.

farm sanctuary. 2020. Phoenix from the Flames: 40 »Cage-Free« Hens from Egg Farm Fire Find Sanctuary. https://www.farmsanctuary.org/news-stories/cage-free-hens-rescued-from-nj-egg-farm-fire-find-farm-sanctuary/. Zugegriffen: 26. Oktober 2022.

Favati, Anna, Olof Leimar, und Hanne Løvlie. 2014. Personality Predicts Social Dominance in Male Domestic Fowl. PloS one 9 (7): 1–7.

Febrer, Kian, Tracey A. Jones, Christl A. Donnelly, und Marian Stamp Dawkins. 2006. Forced to crowd or choosing to cluster? Spatial distribution indicates social attraction in broiler chickens. Animal behaviour 72 (6): 1291–1300.

Feekes, Franciska. 1971. »Irrelevant« ground pecking in agonistic situations in burmese red junglefowl (Gallus gallus spadiceus). Doktorarbeit. Groningen.

Fernandes, Merwyn, Mukesh Thakur, Sambandam Sathyakumar, Rahul Kaul, und Rajiv S. Kalsi. 2012. Conservation of Red Junglefowl (Gallus gallus) in India. Final Report.

Fernandes, Merwyn, Mukesh Thakur, Sambandam Sathyakumar, Rahul Kaul, Rajiv S. Kalsi, und Depak Sharma. 2009. Conservation of red junglefowl Gallus gallus in India. International Journal of Galliformes Conservation 1 (1): 94–101.

Fluck, Emma, Sandy Hogg, Peter S. Mabbutt, und Sandra E. File. 1996. Behavioural and neurochemical responses of male and female chicks to cat odour. Pharmacology Biochemistry and Behavior 54 (1): 85–91.

Fölsch, Detlef W. und Renata Hoffmann. 1992. Artgemäße Hühnerhaltung. Grundlagen und Beispiele aus der Praxis. Karlsruhe: C. F. Müller.

Fölsch, Detlef W. und Klaus Vestergaard. 1981. Das Verhalten von Hühnern. Das Normalverhalten und die Auswirkung verschiedener Haltungssysteme und Aufzuchtmethoden = The behaviour of fowl. Basel, Boston, Stuttgart: Birkhäuser.

Fothergill, B. Tyr und Catherine Flick. 2017. Chickens in Video Games. Archaeology and ethics inform upon complex relationships. In The Interactive Past. Archaeology, Heritage, and Video Games, Mol, Angus A.A.; Ariese-Vandemeulebroucke, Csilla E.; Boom, Krijn H.J., 53–72. Leiden: SIdestone Press.

Frahm, B. 1888. Das Huhn im städtischen Haushalte. Mittheilungen des Ornithologischen Vereines in Wien.

Freire, Rafael und Susan J. Hazel. 2017. Are chicken minds special? Animal Sentience 2 (17).

Fritz, Elisabeth. 2016. Paracelsus-Schule. In Tiergestützte Intervention mit landwirtschaftlichen Nutztieren. Grundlagen, Methoden und Beispiele aus der Praxis ; Bauernhoftiere als Balsam Herz für Seele, Scholl, Silke; Zipper, Kornelia; Bäckenberger, Johanna; Gupta, Christiane, 283–289.

Galli, Roberta, Grit Preusse, Christian Schnabel, Thomas Bartels, Kerstin Cramer, Maria-Elisabeth Krautwald-Junghanns, Edmund Koch, und Gerald Steiner. 2018. Sexing of chicken eggs by fluorescence and Raman spectroscopy through the shell membrane. PloS one 13 (2): e0192554.

Garnham, Laura und Hanne Løvlie. 2018. Sophisticated Fowl: The Complex Behaviour and Cognitive Skills of Chickens and Red Junglefowl. behavioral sciences 8 (1).

Gentina, Elodie und Pallavi Singh. 2015. How National Culture and Parental Style Affect the Process of Adolescents‹ Ecological Resocialization. Sustainability 7 (6): 7581–7603.

Giles, F. H. 1932. Migration of Jungle-Fowl. Natural History Bulletin of The Siam Society 8: 333–334.

Gilhus, Ingvild Sælid. 2006. Animals, gods and humans. Changing attitudes to animals in Greek, Roman and Early Christian ideas. London: Routledge.

Girdland Flink, Linus, Richard Allen, Ross Barnett, Helena Malmström, Joris Peters, Jonas Eriksson, Leif Andersson, Keith Dobney, und Greger Larson. 2014. Establishing the validity of domestication genes using DNA from ancient chickens. Proceedings of the National Academy of Sciences of the United States of America 111 (17): 6184–6189.

Gjøen, Johanna und Per Jensen. 2021. Selection for Reduced Fear of Humans Changes Intra-Specific Social Behavior in Red Junglefowl-Implications for Chicken Domestication. Genes 13 (1).

Gleich, Otto und Ulrike Langemann. 2011. Auditory capabilities of birds in relation to the structural diversity of the basilar papilla. Hearing Research 273 (1-2): 80–88.

Godfray, H. Charles J., Paul Aveyard, Tara Garnett, Jim W. Hall, Timothy J. Key, Jamie Lorimer, Ray T. Pierrehumbert, Peter Scarborough, Marco Springmann, und Susan A. Jebb. 2018. Meat consumption, health, and the environment. Science 361 (6399).

Göhring, Andrea und Jutta Schneider-Rapp. 2017. Bauernhoftiere bewegen Kinder. Tiergestützte Therapie und Pädagogik mit Schaf, Kuh und Co. – ganz praktisch. Darmstadt: pala verlag.

Gole, Vaibhav C., Kapil K. Chousalkar, Juliet R. Roberts, Margaret Sexton, Damian May, Jessica Tan, und Andreas Kiermeier. 2014. Effect of egg washing and correlation between eggshell characteristics and egg penetration by various Salmonella Typhimurium strains. PloS one 9 (3): e90987.

Gosling, Samuel D. 2008. Personality in Non-human Animals. Social and Personality Psychology Compass 2 (2): 985–1001.

GÖT e.V. 2003. Verhalten, artgerechte Haltungssysteme und Stalleinrichtungen für Rind, Schwein und Huhn.

Gould, Carol Grant. 2004. The remarkable life of William Beebe. Explorer and naturalist. Washington, D.C: Island Press/Shearwater Books.

Gribovskiy, Alexey, José Halloy, Jean-Louis Deneubourg, Hannes Bleuler, und Francesco Mondada. Towards mixed societies of chickens and robots: 4722–4728.

Gropengießer, Harald und Ulrich Kattmann. 2010. Fachdidaktik Biologie. Die Biologiedidaktik begründet von Dieter Eschenhagen, Ulrich Kattmann und Dieter Rodi. Köln: Aulis-Verl. Deubner.

Guhl, A. M., J. V. Craig, und C. D. Mueller. 1960. Selective Breeding for Aggressiveness in Chickens. Poultry science 39 (4): 970–980.

Gyger, Marcel. 1988. Alarm signals in birds: The role of testosterone. Hormones and Behavior 22 (3): 305–314.

Hadorn, R.uedi Gloor, Andreas und Hans Wiedmer. 2000. Einfluss des Schnabeltouchierens auf braune Jung- und Legehennen. AGRARForschung 7 (2): 62–67.

Hagedorn, Gregor, Thomas Loew, Sonia I. Seneviratne, Wolfgang Lucht, Marie-Luise Beck, Janina Hesse, Reto Knutti, Volker Quaschning, Jan-Hendrik Schleimer, Linus Mattauch, Christian Breyer, Heike Hübener, Gottfried Kirchengast, Alice Chodura, Jens Clausen, Felix Creutzig, Marianne Darbi, Claus-Heinrich Daub, Felix Ekardt, Maja Göpel, Hardt Judith N., Julia Hertin, Thomas Hickler, Arnulf Köhncke, Stephan Köster, Julia Krohmer, Helga Kromp-Kolb, Reinhold Leinfelder, Linda Mederake, Michael Neuhaus, Stefan Rahmstorf, Christine Schmidt, Christoph Schneider, Gerhard Schneider, Ralf Seppelt, Uli Spindler, Marco Springmann, Katharina Staab, Thomas F. Stocker, Karl Steininger, Eckart von Hirschhausen, Susanne Winter, Martin Wittau, und Josef Zens. 2019. The concerns of the young protesters are justified: A statement by Scientists for Future concerning the protests for more climate protection. GAIA – Ecological Perspectives for Science and Society 28 (2): 79–87.

Håkansson, Jennie und Per Jensen. 2005. Behavioural and morphological variation between captive populations of red junglefowl (Gallus gallus) – possible implications for conservation. Biological Conservation 122 (3): 431–439.

Hall, Clare und Victoria Sandilands. 2007. Public Attitudes to the Welfare of Broiler Chickens. Animal Welfare (16): 499–512.

Hawkins, Roxanne D., Gilly A. R. Mendes Ferreira, und Joanne M. Williams. 2019. The Development and Evaluation of ›Farm Animal Welfare‹: An Educational Computer Game for Children. Animals: an open access journal from MDPI 9 (3).

Hazel, Susan J., Lisel O'Dwyer, und Terry Ryan. 2015. »Chickens Are a Lot Smarter than I Originally Thought«: Changes in Student Attitudes to Chickens Following a Chicken Training Class. Animals: an open access journal from MDPI 5 (3): 821–837.

He, Chen, Soren Breiting, und Federico J. A. Perez-Cueto. 2012. Effect of organic school meals to promote healthy diet in 11-13 year old children. A mixed methods study in four Danish public schools. Appetite 59 (3): 866–876.

Henríquez, José Manuel Marrero. 2022. Chickens like Celebrities: A Short Story. Epilogue. In Imaginative Ecologies. Inspiring Change Through the Humanities, Villanueva-Romero, Diana, 217–222. Boston: BRILL.

Herbert, Sandra und Julianne Lynch. 2017. Classroom Animals Provide More Than Just Science Education. Science & Education 26 (1-2): 107–123.

Hernandez, Jose-Maria M., Paul Beardsworth, und Gilbert Weber. 2005. Egg quality–meeting consumer expectations. International Poultry Production 13 (3): 20–23.

Hogue, Michele-E., Jaques Beaugrand, und Paul C. Lague. 1996. Coherent use of information by hens observing their former dominant defeating or being defeated by a stranger. Behavioural Processes (38): 241–252.

Honeder, Britta und Mirella Herzina-Rusch. 2021. Tante Tillys Tod. Frankfurt am Main: Mabuse-Verlag.

Horn, Andrew G., M. L. Leonard, und D. M. Weary. 1995. Oxygen consumption during crowing by roosters: talk is cheap. Animal behaviour 50 (5): 1171–1175.

Hörning, Bernhard. 2008. Auswirkungen der Zucht auf das Verhalten von Nutztieren. Kassel: Kassel Univ. Press.

Hoy, Steffen (Hrsg.). 2009. Nutztierethologie. Stuttgart: UTB GmbH.

Hummel, Eberhard und Christoph Randler. 2012. Living Animals in the Classroom: A Meta-Analysis on Learning Outcome and a Treatment-Control Study Focusing on Knowledge and Motivation. Journal of Science Education and Technology 21 (1): 95–105.

Itle-Clark, Stephanie. 2014. Increasing Student Engagement through Animal Welfare Education and Service. Living Education eMagazine: 42-43, 57-58.

Jamieson, Jen, Michael J. Reiss, David Allen, Lucy Asher, Christopher M. Wathes, und Siobhan M. Abeyesinghe. 2012. Measuring the success of a farm animal welfare education event. Animal Welfare 21 (1): 65–75.

Jamieson, Jen, Michael J. Reiss, David. Allen, Asher, M. O. Parker, Christopher M. Wathes, und Siobhan M. Abeyesinghe. 2015. Adolescents Care but Don't Feel Responsible for Farm Animal Welfare. Society & Animals 23 (3): 269–297.

Janker, Teresa, Silke Scholl, Christina Fraller, Johannes Fricks, Ursula Köstl, Dieter Kreuzhuber, Regina Loupal, Knut Niebuhr, und Conny Rohrmoser. 2018. Einsatz von Hühnern in der tiergestützten Intervention. Wien.

Janzen, Daniel H. 1976. Why Bamboos Wait So Long to Flower. Annual Review of Ecology and Systematics 7 (1): 347–391.

Javed, Salim und Assad R. Rahmani. 2000. Flocking and habitat use pattern of the Red Jungelfowl Gallus Gallus in Dudwa National Park, India. Tropical Ethology 41 (1): 11–16.

Johnsen, Torgeir S., Marlene Zuk, und Elizabeth A. Fessler. 2001. Social Dominance, Male Behaviour and Mating in Mixed-Sex Flocks of Red Jungle Fowl. Behaviour 138 (1): 1–18.

Johnson, Robert A. 1963. Habitat preference and behavior of breeding jungle fowl in central western Thailand. The Wilson Bulletin 75 (3): 270–272.

Jones, Tracey, Ruth Feber, Gabriel Hemery, Paul Cook, Katy James, Curt Lamberth, und Marian Dawkins. 2007. Welfare and environmental benefits of integrating commercially viable free-range broiler chickens into newly planted woodland: A UK case study. Agricultural Systems 94 (2): 177–188.

Joseph, Traci D. 2013. Neiman Marcus Chicken Coops: Exploring Class and Identity Through Backyard Chicken Keeping and the Contemporary Food Movement.

Jung, Lisa., Knut Niebuhr, Lena K. Hinrichsen, Stefan Gunnarsson, Christine Brenninkmeyer, Monique W.P. Bestman, Jasper L.T. Heerkens, Paolo Ferrari, und Ute Knierim. 2019. Possible risk factors for keel bone damage in organic laying hens. Animal: an international journal of animal bioscience 13 (10): 2356–2364.

Kahls, Daniela. 2014. Der Trend zum eigenen Ei. https://www.deutschlandfunkkultur.de/frankreich-der-trend-zum-eigenen-ei-100.html. Zugegriffen: 14. Oktober 2022.

Kainrath, Verena. 2022. Eieralarm kurz vor Ostern: Warum Österreich Engpässe drohen, 31. März.

Karadas, Filiz, Evangelos Grammenidis, Peter F. Surai, Thomas Acamovic, und Nicholas H.C. Sparks. 2006. Effects of carotenoids from lucerne, marigold and tomato on egg yolk pigmentation and carotenoid composition. British poultry science 47 (5): 561–566.

Karakashian, Stephen J., Marcel Gyger, und Peter Marler. 1988. Audience effects on alarm calling in chickens (Gallus gallus). Journal of Comparative Psychology 102 (2): 129–135.

Kare, Morley R., Robert Black, und E. G. Allison. 1957. The Sense of Taste in the Fowl. Poultry science 36 (1): 129–138.

Kaspers, Bernd. 2016. Ein Ei pro Tag: Regulation, Reifung und Nährstoffbedarf. In 26. Hülsenberger Gespräche. Die postgenomische Ära: Die Renaissance des Phänotyps, H. Wilhelm Schaumann Stiftung, 96–99.

Kegel, Bernhard. 2018. Ausgestorben, um zu bleiben. Dinosaurier und ihre Nachfahren. Köln: DuMont.

Kevany, Sophie. 2020. Millions of farm animals culled as US food supply chain chokes up. https://www.theguardian.com/environment/2020/apr/29/millions-of-farm-animals-culled-as-us-food-supply-chain-chokes-up-coronavirus. Zugegriffen: 31. Oktober 2022.

Kokolakis, Artemi, Carolynn L. Smith, und Christopher S. Evans. 2010. Aerial alarm calling by male fowl (Gallus gallus) reveals subtle new mechanisms of risk management. Animal behaviour 79 (6): 1373–1380.

Kranzler, Andreas. 2020. Suitability analysis of mobile keeping of organic laying hens in organic apple orchards. https://www.fibl.org/en/themes/projectdatabase/projectitem/project/1844.html. Zugegriffen: 19. November 2020.

Krauch, Peter. 2015. Kükenschreddern: Was passiert mit den toten Eintagsküken? Vergast, geschreddert – und dann? https://www.codecheck.info/news/Kuekenschreddern-Was-passiert-mit-den-toten-Eintagskueken-168286. Zugegriffen: 25. September 2022.

Kroll, Henriette. 2012. Ihrer Hühner waren drei und ein stolzer Hahn dabei. Überlegungen zur Beigabe von Hühnern im awarischen Gräberfeld an der Wiener Csokorgasse. offa (69/70): 201–216.

Kruijt, Jaap P. 1964. Ontogeny of social behaviour in Burmese red junglefowl. (Gallus gallus spadiceus) Bonnaterre. Leiden: E. J. Brill.

Kupsala, Saara, Markus Vinnari, Pekka Jokinen, und Pekka Räsänen. 2016. Public Perceptions of Mental Capacities of Nonhuman Animals. Society & Animals 24 (5): 445–466.

Land schafft Leben. 2022a. Factsheet Ei. https://www.landschafftleben.at/bildung/factsheets/2022/Factsheet%20Ei%202022.pdf. Zugegriffen: 25. September 2022.

Land schafft Leben. 2022b. Fakten zum Huhn. https://www.landschafftleben.at/bildung/factsheets/2022/Factsheet%20HUHN%202022.pdf. Zugegriffen: 25. September 2022.

Larson, Greger und Dorian Q. Fuller. 2014. The Evolution of Animal Domestication. Annual Review of Ecology, Evolution, and Systematics 45 (1): 115–136.

Lawal, Raman Akinyanju, Simon H. Martin, Koen Vanmechelen, Addie Vereijken, Pradeepa Silva, Raed Mahmoud Al-Atiyat, Riyadh Salah Aljumaah, Joram M. Mwacharo, Dong-Dong Wu, Ya-Ping Zhang, Paul M. Hocking, Jacqueline Smith, David Wragg, und Olivier Hanotte. 2020. The wild species genome ancestry of domestic chickens. BMC biology 18 (1): 13.

Lawler, Andrew. 2016. Why did the chicken cross the world? The epic saga of the bird that powers civilization. London: Duckworth Overlook.

Lazutkaite, Elena. 2020. Re/Thinking Chickens. Wilmington, DE: Vernon Press.

Lee, Kuei-Chiu. 2019. Environment Education and Ecological Art Exhibitions Influence Young People's Intention to Consume Plant-Based Food. International Journal of Business and Social Science 10 (7).

Leinonen, Ilka, Adrian G. Williams, Julian W. Wiseman, Jonathan H. Guy, und Ilias Kyriazakis. 2012. Predicting the environmental impacts of chicken systems in the United Kingdom through a life cycle assessment: broiler production systems. Poultry science 91 (1): 8–25.

Lentacker, An, Anton Ervynck, und Wim van Neer. 2004. The symbolic meaning of the cock. The animal remains from the Mitrhaeum at Tienen (Belgium). Institute for the Archaeological Heritage of the Flemish Community.

Leonard, Marty L. und Andrew G. Horn. 1995. Crowing in relation to status in roosters. Animal behaviour 49 (5): 1283–1290.

Leonard, Marty L. und Liana Zanette. 1998. Female mate choice and male behaviour in domestic fowl. Animal behaviour 56 (5): 1099–1105.

Leopold, Sabine. 2021. Männliche Eintagsküken: Weit mehr als nur Abfall der Eierindustrie! Kommentar. https://www.agrarheute.com/tier/maennliche-eintagskueken-weit-mehr-nur-abfall-eierindustrie-580058. Zugegriffen: 25. September 2022.

Li Lin-Schilstra und Arnout R. H. Fischer. 2020. Consumer Moral Dilemma in the Choice of Animal-Friendly Meat Products. Sustainability 12 (12): 4844.

Lill, Alan. 1966. Some Observations on Social Organisation and Non-Random Mating in Captive Burmese Red Junglefowl (Gallus gallus spadiceus). Behaviour 26 (3): 228–242.

Liu, Yi-Ping, Gui-Sheng Wu, Yong-Gang Yao, Yong-Wang Miao, Gordon Luikart, Mumtaz Baig, Albano Beja-Pereira, Zhao-Li Ding, Malliya Gounder Palanichamy, und Ya-Ping Zhang. 2006. Multiple maternal origins of chickens: out of the Asian jungles. Molecular phylogenetics and evolution 38 (1): 12–19.

Lohmann Breeders. Datenblatt Lohmann Brown Classic. https://lohmann-breeders.com/de/strains/lohmann-brown-classic-cage/. Zugegriffen: 17. August 2021.

Løvlie, Hanne und Tommaso Pizzari. 2007. Sex in the morning or in the evening? Females adjust daily mating patterns to the intensity of sexual harassment. The American Naturalist 170 (1): E1-13.

Løvlie, Hanne, Josefina Zidar, und Christina Berneheim. 2014. A cry for help: female distress calling during copulation is context dependent. Animal behaviour 92: 151–157.

Lück, Gisela und Peter Gaymann. 2005. Eiweisheiten. Experimente rund ums Ei. Freiburg: Herder.

Lundberg, Anna S. und Linda J. Keeling. 2003. Social effects on dustbathing behaviour in laying hens: using video images to investigate effect of rank. Applied Animal Behaviour Science 81 (1): 43–57.

MacDonald, Alistair und Georgi Kantchev. 2022. Four Million Chickens Tell the Grim Story of Ukrainian Farm. The Wall Street Journal, 4. August.

Macho, Thomas. 2022. Warum wir Tiere essen. Wien: Molden Verlag in Verlagsgruppe Styria GmbH & Co. KG.

MacHugh, David E., Greger Larson, und Ludovic Orlando. 2017. Taming the Past: Ancient DNA and the Study of Animal Domestication. Annual review of animal biosciences 5: 329–351.

Mao, Kun Ming, Fowzia Sultana, Mohammad Abdur Rahman Howlider, Atsushi Iwasawa, und Norio Yoshizaki. 2006. The magnum-isthmus junction of the fowl oviduct participates in the formation of the avian-type shell membrane. Zoological science 23 (1): 41–47.

Marino, Lori. 2017a. The inconvenient truth about thinking chickens. Animal Sentience 2 (17).

Marino, Lori. 2017b. Thinking chickens: a review of cognition, emotion, and behavior in the domestic chicken. Animal cognition 20 (2): 127–147.

Martensen, Anne und Lars Grønholdt. 2008. Children's influence on family decision making. Innovative Marketing 4 (4): 14–22.

Maruyama, Mika. 2005. Humane education: the effects of animals in the classroom on children's empathy in Japanese elementary schools. Dissertation. USA.

Maurer, Veronika, Thomas Bernet, Christine Brenninkmeyer, Barbara Früh, und Nele Quander-Stoll. 2022. Biologische Freilandhaltung von Legehennen. Ausgabe Schweiz.

Mayr, Ernst. 1986. In Memoriam: Jean (Theodore) Delacour. The Auk 103 (3): 603–605.

McBride, Glen, I. P. Parer, und F. Foenander. 1969. The Social Organization and Behaviour of the Feral Domestic Fowl. Animal Behaviour Monographs 2 (3): 125–181.

Mcdougal, Tony. 2019. Chinese continue to move to higher poultry welfare. https://www.poultryworld.net/health-nutrition/chinese-continue-to-move-to-higher-poultry-welfare/. Zugegriffen: 13. Oktober 2022.

Mcdougal, Tony. 2021. UK egg industry urges supermarkets to stop importing eggs. https://www.poultryworld.net/poultry/uk-egg-industry-urges-supermarkets-to-stop-importing-eggs/. Zugegriffen: 2. Oktober 2022.

McGrath, Nicky, J. Walker, Danielle Nilsson, und Clive Phillips. 2013. Public attitudes towards grief in animals. Animal Welfare 22 (1): 33–47.

Mehner, Alfred und Wilhelm Hartfiel (Hrsg.). 1984. Handbuch der Geflügelphysiologie. Stuttgart: Gustav Fischer Verlags.

Mendyk, Robert W. 2014. The Herpetological Contributions of William Beebe: Naturalist, Explorer, and Father of Neotropical Ecology. Herpetological Review 45 (1): 76–84.

Meyer, Annika, Konstantin Klingenberg, und Matthias Wilde. 2016. The Benefits of Mouse Keeping—an Empirical Study on Students' Flow and Intrinsic Motivation in Biology Lessons. Research in Science Education 46 (1): 79–90.

Millman, Suzanne T., Ian J. Duncan, und Tina M. Widowski. 2000. Male broiler breeder fowl display high levels of aggression toward females. Poultry science 79 (9): 1233–1241.

Mönch, Axel. 2021. EU: Verbot für Käfighaltung ab 2027 vorgesehen. https://www.lko.at/eu-verbot-f%C3%BCr-k%C3%A4fighaltung-ab-2027-vorgesehen+2400+3423150. Zugegriffen: 27. Oktober 2021.

Montgomery, Sy. 2011. Birdology. Adventures with hip hop parrots, cantankerous cassowaries, crabby crows, peripatetic pigeons, hens, hawks, and hummingbirds. New York: Free Press.

Morris, Paul, Sarah Knight, und Sarah Lesley. 2012. Belief in Animal Mind: Does Familiarity with Animals Influence Beliefs about Animal Emotions? Society & Animals 20 (3): 211–224.

Mossavar-Rahmani, Helia. 2022. Meat. In Agricultural Outlook 2022 – 2031, 194–211.

Muller, Adrian, Christian Schader, Nadia El-Hage Scialabba, Judith Brüggemann, Anne Isensee, Karl-Heinz Erb, Pete Smith, Peter Klocke, Florian Leiber, Matthias Stolze, und Urs Niggli. 2017. Strategies for feeding the world more sustainably with organic agriculture. Nature communications 8 (1): 1290.

Mustola, Marleena. 2019. Why is a live chicken banned from the kindergarten? Two lessons learned from teaching posthuman pedagogy to university students. Educational Philosophy and Theory 51 (14): 1434–1443.

National Chicken Council. 2021. Per Capita Consumption of Poultry and Livestock, 1965 to Forecast 2022, in Pounds. https://www.nationalchickencouncil.org/about-the-industry/statistics/per-capita-consumption-of-poultry-and-livestock-1965-to-estimated-2012-in-pounds/. Zugegriffen: 20. Oktober 2022.

Necker, Reinhold. k.A. Warum die Vögel im Schlaf nicht vom Ast fallen: Gibt es einen automatischen Zehen-Klammermechanismus? http://www.reinhold-necker.de/seite16.html.

Nguyen-Phuc, Hoa und Mark E. Berres. 2018. Genetic structure in Red Junglefowl (Gallus gallus) populations: Strong spatial patterns in the wild ancestors of domestic chickens in a core distribution range. Ecology and evolution 8 (13): 6575–6588.

Nichols, Lori M. 2020. Nearly 300,000 chickens killed in egg farm fire;. see the aftermath (PHOTOS). https://www.nj.com/news/2020/07/nearly-300000-chickens-killed-in-egg-farm-fire-see-the-aftermath-photos.html. Zugegriffen: 22. September 2022.

Nicol, Christine J. 2015. The behavioural biology of chickens. Wallingford: CABI.

Nicol, Christine J., Monique W.P. Bestman, Anne Marie Gilani, Elske N. de Haas, Ingrid C. de Jong, Sarah L. Lambton, Jan P. Wagenaar, Claire A. Weeks, und Bas T. Rodenburg. 2013. The prevention and control of feather pecking: application to commercial systems. World's Poultry Science Journal 69 (4): 775–788.

Nicol, Christine J., Gina Caplen, Joanne Edgar, und William J. Browne. 2009. Associations between welfare indicators and environmental choice in laying hens. Animal behaviour 78 (2): 413–424.

Nicol, Christine J., Gina Caplen, und Statham, Poppye, W. J. 2011. Decisions about foraging and risk trade-offs in chickens are associated with individual somatic response profiles. Animal behaviour 82 (2): 255–262.

Nicol, Christine J. und Stuart J. Pope. 1992. Effects of social learning on the acquisition of discriminatory keypecking in hens. Bulletin of the Psychonomic Society 30 (4): 293–296.

Nückles, Bärbel. 2022. In Colmar helfen Hühner bei der Abfallbeseitigung. https://www.badische-zeitung.de/in-colmar-helfen-huehner-bei-der-abfallbeseitigung--213634226.html?mode=in. Zugegriffen: 14. Oktober 2022.

Ökolandbau NRW. 2019. Zweinutzungshuhn: ein neuer Weg in der Geflügelhaltung. https://www.oekolandbau.nrw.de/fachinfo/tierhaltung/schweine/gefluegel/2019/zweinutzungshuhn-ein-neuer-weg-in-der-gefluegelhaltung/. Zugegriffen: 13. August 2021.

Ökolandbau.de. Welches Potenzial hat die Haltung von Zweinutzungshühnern im Öko-Landbau? https://oekolandbau.de/landwirtschaft/tier/spezielle-tierhaltung/gefluegel/legehennen/welches-potenzial-hat-die-haltung-von-zweinutzungshuehnern-im-oekolandbau/. Zugegriffen: 13. August 2021.

Olowa, Olatomide Waheed, Omowumi Ayodele Olowa, und John Issah Umoru. 2020. Innovation and Creativity in Agriculture for sustainable Development. World rural Observations 12 (4).

Olsson, I. Anna S. und Linda J. Keeling. 2005. Why in earth? Dustbathing behaviour in jungle and domestic fowl reviewed from a Tinbergian and animal welfare perspective. Applied Animal Behaviour Science 93 (3-4): 259–282.

Orzechowski, Karol. 2022. Global Animal Slaughter Statistics & Charts: 2022 Update. https://faunalytics.org/global-animal-slaughter-statistics-charts-2022-update/. Zugegriffen: 20. Oktober 2022.

Österr. Bundesrecht konsolidiert. 1. TierhaltungsV, Anlage 5.

Otterstedt, Carola. 2009. Die Mensch-Tier-Beziehung im interkulturellen Vergleich. In Gefährten – Konkurrenten – Verwandte. Die Mensch-Tier-Beziehung im wissenschaftlichen Diskurs ; mit 8 Tabellen, Otterstedt, Carola, 294–315. Göttingen: Vandenhoeck & Ruprecht.

Otterstedt, Carola. 2017. Tiergestützte Intervention. Methoden und tiergerechter Einsatz in Therapie, Pädagogik und Förderung: 88 Fragen & Antworten ; mit 59 Abbildungen. Stuttgart: Schattauer.

Pagel, Mark und Marian Stamp Dawkins. 1997. Peck orders and group size in laying hens: `futures contracts' for non-aggression. Behavioural Processes 40 (1): 13–25.

Park, Ji-Ae und Sea-Hwan Sohn. 2018. The Influence of Hen Aging on Eggshell Ultrastructure and Shell Mineral Components. Korean journal for food science of animal resources 38 (5): 1080–1091.

Parsons, Alan H. 1982. Structure of the Eggshell. Poultry science 61 (10): 2013–2021.

Paul, Elizabeth S. und James A. Serpell. 1993. Childhood Pet Keeping and Humane Attitudes in Young Adulthood. Animal Welfare 2: 321–337.

Peters, Joris. 1997. Zum Stand der Hühnerhaltung in der Antike. Beitr. z. Archäozool. u. Prähistor. Anthrop. 1: 42–58.

Peters, Joris, Ophélie Lebrasseur, Evan K. Irving-Pease, Ptolemaios Dimitrios Paxinos, Julia Best, Riley Smallman, Cécile Callou, Armelle Gardeisen, Simon Trixl, Laurent Frantz, Naomi Sykes, Dorian Q. Fuller, und Greger Larson. 2022. The biocultural origins and dispersal of domestic chickens. Proceedings of the National Academy of Sciences of the United States of America 119 (24): e2121978119.

Phillips, Clive J. C. und S. McCulloch. 2005. Student attitudes on animal sentience and use of animals in society. Journal of Biological Education 40 (1): 17–24.

Phillips, Clive J.C., S. Izmirli, S. J. Aldavood, M. Alonso, B. I. Choe, A. Hanlon, A. Handziska, G. Illmann, L. Keeling, M. Kennedy, G. H. Lee, V. Lund, C. Mejdell, V. R. Pelagic, und T. Rehn. 2012. Students' attitudes to animal welfare and rights in Europe and Asia. Animal Welfare 21 (1): 87–100.

Pizzari, Tommaso und Timothy R. Birkhead. 2001. For whom does the hen cackle? The function of postoviposition cackling. Animal behaviour 61 (3): 601–607.

Pizzari, Tommaso und Timothy R. Birkhead. 2000. Female feral fowl eject sperm of subdominant males. Nature 405 (6788): 787–789.

Potvin, Dominique A., Chaminda P. Ratnayake, Andrew N. Radford, und Robert D. Magrath. 2018. Birds Learn Socially to Recognize Heterospecific Alarm Calls by Acoustic Association. Current biology: CB 28 (16): 2632-2637.e4.

Poynter, Tracy. 2017. Husbandry guidelines for Red Jungle Fowl. Australia.

Prokop, Pavol, Milan Kubiatko, und Jana Fančovičová. 2007. Why Do Cocks Crow? Children's Concepts About Birds. Research in Science Education 37 (4): 393–405.

Prokop, Pavol und Christoph Randler. 2018. Biological Predispositions and Individual Differences in Human Attitudes Toward Animals. In Ethnozoology. Animals in our lives, Alves, Rômulo Romeu Nóbrega; Albuquerque, Ulysses Paulino de, 447–466. London, UK: Academic Press; Academic Press an imprint of Elsevier.

Proviande. 2021. Der Fleischmarkt im Überblick.

Pryor, Karen und Sheila Chase. 2014. Training for Variable and Innovative Behavior. International journal of comparative psychology 27 (2): 361–368.

QGV. 2021. ZAG: Geflügelwirtschaft bekennt sich zur sinnvollen Verwendung männlicher Küken. https://www.qgv.at/allgemein/zag-gefluegelwirtschaft-bekennt-sich-zur-sinnvollen-verwendung-maennlicher-kueken/. Zugegriffen: 25. September 2022.

Qiu, Ning, Meihu Ma, Lei Zhao, Wen Liu, Yuqi Li, und Yoshinori Mine. 2012. Comparative proteomic analysis of egg white proteins under various storage temperatures. Journal of agricultural and food chemistry 60 (31): 7746–7753.

Raethel, Heinz-Sigurd. 1988. Hühnervögel der Welt. Melsungen: Neumann-Neudamm.

Ramsl, Peter C. 2002. Die Tierknochen in den Gräbern von Pottenbrunn. In Das eisenzeitliche Gräberfeld von Pottenbrunn. Forschungsansätze zu wirtschaftlichen Grundlagen und sozialen Strukturen der latènezeitlichen Bevölkerung des Traisentales, Niederösterreich, Ramsl, Peter C., 333–336. Horn: Berger.

Redding, Richard W. 2015. The Pig and the Chicken in the Middle East: Modeling Human Subsistence Behavior in the Archaeological Record Using Historical and Animal Husbandry Data. Journal of Archaeological Research 23 (4): 325–368.

Rette (d)ein Huhn. Besonderheiten bei Legehybriden (Hühner mit besonderen Bedürfnissen). https://www.rettedeinhuhn.at/rette-dein-huhn-%C3%B6sterreich/legehybriden-h%C3%BChner-mit-besonderen-bed%C3%BCrfnissen/. Zugegriffen: 1. November 2022.

Rettet das Huhn e.V. 2022. Zwangsmauser statt Kükentötung. https://www.rettet-das-huhn.de/themen/zwangsmauser-statt-k%C3%BCkent%C3%B6ten/. Zugegriffen: 1. November 2022.

Richardson, Henry D. 1847. Domestic Fowl. Their Natural History, Breeding, Rearing and General Management. Dublin: Purdon Brothers.

Rodenburg, T. Bas, M. M. van Krimpen, I. C. de Jong, E. N. de Haas, M. S. Kops, B. J. Riedstra, R. E. Nordquist, J. P. Wagenaar, M. Bestman, und C. J. Nicol. 2013. The prevention and control of feather pecking in laying hens: identifying the underlying principles. World's Poultry Science Journal 69 (2): 361–374.

Roenneberg, Till. 2018. Wie wir ticken. Die Bedeutung der Chronobiologie für unser Leben. Köln: DuMont.

Rogers und Kaplan. 2019. Does Functional Lateralization in Birds Have any Implications for Their Welfare? Symmetry 11 (8): 1043.

Rogers, Lesley J. und Gisela Kaplan. 2005. Think Or Be Damned: The Problematic Case Of Higher Cognition In Animals And Legislation For Animal Welfare. Animal Law 12 (151): 151–191.

Rogers, Lesley J., Paolo Zucca, und Giorgio Vallortigara. 2004. Advantages of having a lateralized brain. Proceedings of the Royal Society. Biological Sciences 271 (Suppl 6): S420-422.

Roost, Hannelore. 2020. Freiland-Aufzucht ist nicht ohne Risiko. Schweizer Geflügelzeitung (5): 11–12.

Rossellini, Isabella und Patrice Casanova. 2017. Meine Hühner und ich. Texte und Zeichnungen. München: Schirmer Mosel.

Roth, Lina S. V. und Olle Lind. 2013. The impact of domestication on the chicken optical apparatus. PloS one 8 (6): e65509.

Rubin, Carl-Johan, Michael C. Zody, Jonas Eriksson, Jennifer R. S. Meadows, Ellen Sherwood, Matthew T. Webster, Lin Jiang, Max Ingman, Ted Sharpe, Sojeong Ka, Finn Hallböök, Francois Besnier, Orjan Carlborg, Bertrand Bed'hom, Michèle Tixier-Boichard, Per Jensen, Paul Siegel, Kerstin Lindblad-Toh, und Leif Andersson. 2010. Whole-genome resequencing reveals loci under selection during chicken domestication. Nature (464): 587–591.

Rugani, Rosa, Laura Fontanari, Eleonora Simoni, Lucia Regolin, und Giorgio Vallortigara. 2009. Arithmetic in newborn chicks. Proceedings. Biological sciences 276 (1666): 2451–2460.

Rugani, Rosa, Lucia Regolin, und Giorgio Vallortigara. 2008. Discrimination of small numerosities in young chicks. Journal of experimental psychology. Animal behavior processes 34 (3): 388–399.

Rugani, Rosa, Giorgio Vallortigara, Konstantinos Priftis, und Lucia Regolin. 2015. Animal cognition. Number-space mapping in the newborn chick resembles humans' mental number line. Science (New York, N.Y.) 347 (6221): 534–536.

Rushen, Jeff. 1982. The peck orders of chickens: How do they develop and why are they linear? Animal behaviour 30 (4): 1129–1137.

Ryan, Catriona M.E. und Stephen E.G. Lea. 1994. Images of conspecifics as categories to be discriminated by pigeons and chickens: Slides, video tapes, stuffed birds and live birds. Behavioural Processes 33 (1-2): 155–175.

Ryan, Terry. 2018. Terry Ryan: Legacy Canine – Stories from chicken training camps ... https://www.animaltrainingacademy.com/podcast/training-tidbits/terry-ryan-legacy-canine/.

Sah, Nirvay und Birendra Mishra. 2018. Regulation of egg formation in the oviduct of laying hen. World's Poultry Science Journal 74 (3): 509–522.

Saliari, Konstantina, Bendeguz Tobias, Erich Draganits, und Karin Wiltschke-Schrotta. 2018. Animal bones in the burial customs of the Middle Avar Period graves in Podersdorf am See (Burgenland, Austria). 150 Beiträge z. Archäozool. u. Prähist. Anthropol. IX.

Sambraus, Hans Hinrich. 2002. Aufgaben der Angewandten Ethologie bei Landwirtschaftlichen Nutztieren früher und heute. In Nutztierhaltung im Wandel der Zeit, Bundesanstalt für alpenländische Landwirtschaft, 17-20.

Samiullah, Sami, Amal Saleh Omar, Juliet Roberts, und Kapil Chousalkar. 2017. Effect of production system and flock age on eggshell and egg internal quality measurements. Poultry science 96 (1): 246–258.

Schmidt, Horst und Rudolf Proll. 2011. Rassegeflügel kompakt. 525 Rassen für Garten, Haus, Hof und Ausstellung. Stuttgart: Ulmer.

Schmitz-Scherzer, R. 1997. Weiße und braune Hühnereier gibt es Unterschiede? Eine statistische Annäherung. Deutscher Kleintierzüchter (106): 8–11.

Scholl, Silke, Kornelia Zipper, Johanna Bäckenberger, und Christiane Gupta (Hrsg.). 2016. Tiergestützte Intervention mit landwirtschaftlichen Nutztieren. Grundlagen, Methoden und Beispiele aus der Praxis ; Bauernhoftiere als Balsam Herz für Seele.

Schwartz, Charles Walsh. und Elizabeth Reeder Schwartz. 1949. The game birds in Hawaii. Division of Fish and Game, Board of Commissioners of Agriculture and Forestry, Territory of Hawaii.

Schweizer Bauernverband. 2022. So leben Nutztiere in der Schweiz.

Schweizerische Eidgenossenschaft – Der Bundesrat. Schweizer TSchV, Art. 2.

Sealey, Alison und Nickie Charles. 2013. »What Do Animals Mean to You?«: Naming and Relating to Nonhuman Animals. Anthrozoös 26 (4): 485–503.

Serpell, James A. 1987. Pet-Keeping In Non-Western Societies: Some Popular Misconceptions. Anthrozoös 1 (3): 166–174.

Serpell, James A. 2004. Factors Influencing Human Attitudes to Animals and Their Welfare. Animal Welfare (13): 145–151.

Setianto, Johan, Basyarudin Zain, Sutriyono, und Hardi Prakos. 2017. Domestication of red jungle fowl: A case study of the red jungle fowl chicks procurement by the communities in Central Bengkulu, Indonesia. Biodiversitas Journal of Biological Diversity 18 (1): 183–189.

Shimmura, Tsuyoshi und Takashi Yoshimura. 2013. Circadian clock determines the timing of rooster crowing. Current biology: CB 23 (6): 231-233.

Six, Armin und Robert Höck. 2022. Happy Huhn – Das Hühnerrassenbuch. München: Cadmos Verlag GmbH.

Slobodchikoff, Con. 2012. Chasing Doctor Dolittle. Learning the language of animals. New York: St. Martin's Press.

Smith, Carolynn L. und Christopher S. Evans. 2008. Multimodal signaling in fowl, Gallus gallus. The Journal of experimental biology 211 (Pt 13): 2052–2057.

Smith, Carolynn L. und Christopher S. Evans. 2009. Silent tidbitting in male fowl, Gallus gallus: a referential visual signal with multiple functions. The Journal of experimental biology 212 (Pt 6): 835–842.

Smith, Carolynn L., Alan Taylor, und Christopher S. Evans. 2011. Tactical multimodal signalling in birds: facultative variation in signal modality reveals sensitivity to social costs. Animal behaviour 82 (3): 521–527.

Smith, Carolynn L., Daniel A. van Dyk, Phillip W. Taylor, und Christopher S. Evans. 2009. On the function of an enigmatic ornament: wattles increase the conspicuousness of visual displays in male fowl. Animal behaviour 78 (6): 1433–1440.

Smith, Page und Charles Daniel. 1975. The Chicken book. Athens: University of Georgia Press.

Soudée, Guirec. 2018. Segeln mit Huhn. Guirec & Monique und ihre verrückte Reise um die Welt. Bielefeld: Delius Klasing.

Spannring, Reingard. 2018. The Chicken and the Educator: Debordering Critical Pedagogy in the Anthropocene. In Borders and debordering. Topologies, praxes, hospitableness, Grušovnik, Tomaž; Mendieta, Eduardo; Škof, Lenart, 115–132. Lanham, Boulder, New York, London: Lexington Books.

Stewart, John R. M., Richard B. Allen, Andrew K. G. Jones, T. Kendall, K. E. H. Penkman, B. Demarchi, T. O'Connor, und M. J. Collins. 2014. Walking on Eggshells: A Study of Egg Use in Anglo-Scandinavian York Based on Eggshell Identification Using ZooMS. International Journal of Osteoarchaeology 24 (3): 247–255.

Stoddard, Mary Caswell, Ee Hou Yong, Derya Akkaynak, Catherine Sheard, Joseph A. Tobias, und L. Mahadevan. 2017. Avian egg shape: Form, function, and evolution. Science (New York, N.Y.) 356 (6344): 1249–1254.

Storey, Alice A., José Miguel Ramírez, Daniel Quiroz, David V. Burley, David J. Addison, Richard Walter, Atholl J. Anderson, Terry L. Hunt, J. Stephen Athens, Leon Huynen, und Elizabeth A. Matisoo-Smith. 2007. Radiocarbon and DNA evidence for a pre-Columbian introduction of Polynesian chickens to Chile. Proceedings of the National Academy of Sciences of the United States of America 104 (25): 10335–10339.

Subhani, Akram, Muhammad Siddique Awan, Maqsood Anwar, und Usman Ali Naeem Iftikhar Dar. 2010. Population Status and Distribution Pattern of Red Jungle Fowl (Gallus gallus murghi) in Deva Vatala National Park, Azad Jammu & Kashmir, Pakistan: A Pioneer Study. Pakistan J. Zool. 42 (6): 701–706.

Suzuki, Toshitaka N. 2020. Other Species' Alarm Calls Evoke a Predator-Specific Search Image in Birds. Current biology: CB 30 (13): 2616-2620.e2.

Sykes, Naomi. 2012. A social perspective on the introduction of exotic animals: the case of the chicken. World Archaeology 44 (1): 158–169.

Szabó, Eszter, Cinzia Chiandetti, Ernő Téglás, Elisabetta Versace, Gergely Csibra, Ágnes Melinda Kovács, und Giorgio Vallortigara. 2022. Young domestic chicks spontaneously represent the absence of objects. eLife 11.

Theurl, Michaela C., Christian Lauk, Gerald Kalt, Andreas Mayer, Katrin Kaltenegger, Tiago G. Morais, Ricardo F. M. Teixeira, Tiago Domingos, Wilfried Winiwarter, Karl-Heinz Erb, und Helmut Haberl. 2020. Food systems in a zero-deforestation world: Dietary change is more important than intensification for climate targets in 2050. The Science of the total environment 735 (uncorrected proof): n.p.

Thompson, Carol Sylvia. 2016. Assessing attitudes towards welfare and pain in farm animals. Thesis. Edinburgh.

Tickle, Peter G., Heather Paxton, Jeffery W. Rankin, John R. Hutchinson, und Jonathan R. Codd. 2014. Anatomical and biomechanical traits of broiler chickens across ontogeny. Part I. Anatomy of the musculoskeletal respiratory apparatus and changes in organ size. PeerJ 2: e432.

Tranchellini, Matteo und Moreno Monti. 2020. Hühner. Eine fotografische Liebeserklärung an die gefiederten Schönheiten. teNeues Media.

Trentacoste, Angela. 2020. Fodder for Change: Animals, Urbanisation, and Socio-Economic Transformation in Protohistoric Italy. Theoretical Roman Archaeology Journal 3 (1): 1.

United Nations. 2020. The 17 Goals. https://sdgs.un.org/goals.

University of Bristol. Improving Feather Cover.

USDA. 2021. Poultry Slaughter 2020 Summary. https://downloads.usda.library.cornell.edu/usda-esmis/files/pg15bd88s/f1882d39g/j6731z19s/pslaan21.pdf. Zugegriffen: 16. Oktober 2022.

USDA. 2022. U.S. Red Meat and Poultry Forecast. https://www.ers.usda.gov/webdocs/outlooks/105007/u.s.%20red%20meat%20and%20poultry%20forecasts.xlsx?v=1288.3. Zugegriffen: 20. Oktober 2022.

Väisänen, Johanna, Jennie. Håkansson, und Per Jensen. 2005. Social interactions in Red Junglefowl (Gallus gallus) and White Leghorn layers in stable groups and after re-grouping. British poultry science 46 (2): 156–168.

Vallortigara, G. 1992. Affiliation and aggression as related to gender in domestic chicks (Gallus gallus). Journal of Comparative Psychology 106 (1): 53–57.

van der Linde, Jutta und Margit Jung. 2019. Althennen in die Suppe? https://www.oekolandbau.nrw.de/fachinfo/tierhaltung/schweine/gefluegel/2019/althennen-in-die-suppe. Zugegriffen: 14. Oktober 2022.

Villing, Alexandra. 2017. Don't Kill the Goose that Lays the Golden Egg? Some Thoughts on Bird Sacrifices in Ancient Greece. In Animal Sacrifice in the Ancient Greek World, Hitch, Sarah; Rutherford, Ian, 63–102. Cambridge University Press.

Vogel, Gretchen. 2019. ›Ethical‹ eggs could save day-old chicks from slaughter. Science (New York, N.Y.) 365 (6454): 627–628.

Walsh, Jim. 2020. Salem County billboard remembers chickens who died in fire. https://eu.courierpostonline.com/story/news/2020/08/14/peta-billboard-chickens-red-bird-egg-farm-woodstown-salem-county/5582089002/. Zugegriffen: 22. September 2022.

Wauters, Aline M., Marie-Annick Richard-Yris, Jean Pierre Richard, und Maryvonne Forasté. 1999. Internal and external factors modulate food-calling in domestic hens. Animal cognition 2 (1): 1–10.

Wenig, Gary, Susan Jaster, Jaime Piñero, Elizabeth Wenig, und Jacob Wilson. 2013. Chickens and Trap Crops – An integration of sustainable approaches to insect pest control in vegetable production. Final Report.

Wichman, Anette und Linda J. Keeling. 2008. Hens are motivated to dustbathe in peat irrespective of being reared with or without a suitable dustbathing substrate. Animal behaviour 75 (4): 1525–1533.

Wiemann, Katja. 2005. Beitrag zur Geschichte der Ernährungsforschung beim Haushuhn (bis 1950). Dissertation. Hannover.

Wilde, Matthias und Kathrin Bätz. 2009. Sind die süüüß! – Der Einfluss des unterrichtlichen Einsatzes lebender Zwergmäuse auf Wissenserwerb, Motivation und Haltungswunsch. Ber. Inst. Didaktik Biologie (17): 19–30.

Wilkins, Lindsay J., J. L. McKinstry, N. C. Avery, T. G. Knowles, S. N. Brown, J. Tarlton, und C. J. Nicol. 2011. Influence of housing system and design on bone strength and keel bone fractures in laying hens. Veterinary Record 169 (16): 414.

Wilson, David R., Karen L. Bayly, Ximena J. Nelson, Michael Gillings, und Christopher S. Evans. 2008. Alarm calling best predicts mating and reproductive success in ornamented male fowl, Gallus gallus. Animal behaviour 76 (3): 543–554.

Wiltschko, Wolfgang, Rafael Freire, Ursula Munro, Thorsten Ritz, Lesley Rogers, Peter Thalau, und Roswitha Wiltschko. 2007. The magnetic compass of domestic chickens, Gallus gallus. The Journal of experimental biology 210 (13): 2300–2310.

Winckler, Christoph und Heigl. 2015. Schlaf bei Nutztieren – (neue) Einblicke in die Qualität des Ruhens. In Tierschutz. Bedürfnisse von Tieren, Baumgartner, Johannes, 19–26. Wien: ÖTT.

Winter, Jakob. 2019. Anhäufen von Legehennen: erste Erkenntnisse. Feldstudie über das Anhäufen von Legehennen auf Schweizer Betrieben. Schweizer Geflügelzeitung (5).

Wood-Gush, David Grainger Marcus. 1971. The behaviour of the domestic fowl. West Sussex: Beech Publishing House; Nimrod Press.

ZAG. 2021. Daten und Fakten der österreichischen Geflügelwirtschaft.

ZDF. 2021. Der Hahn darf krähen. Frankreich schützt »Sinnes-Erbe«. https://www.zdf.de/nachrichten/panorama/hahn-landlaerm-frankreich-kulturerbe-100.html. Zugegriffen: 12. September 2022.

Zeder, Melinda A. 2015. Core questions in domestication research. Proceedings of the National Academy of Sciences of the United States of America 112 (11): 3191–3198.

Zeltner, Esther. 2004a. Projektbeschreibung Legehennenhaltung: Auslauf – Effekt von Staubbadeunterständen.

Zeltner, Esther. 2004b. Projektbeschreibung Legehennenhaltung: Auslaufnutzung – Herdengewöhnung mit Tunnel.

Zeltner, Esther. 2020. Mauser auslösen bei Biohennen.

Zidar, Josefina und Hanne Løvlie. 2012. Scent of the enemy: behavioural responses to predator faecal odour in the fowl. Animal behaviour 84 (3): 547–554.

Zimmerman, Patrick H., Stephanie A.F. Buijs, J. Elizabeth Bolhuis, und Linda J. Keeling. 2011. Behaviour of domestic fowl in anticipation of positive and negative stimuli. Animal behaviour 81 (3): 569–577.

Zuk, Marlene und Torgeir S. Johnsen. 2000. Social environment and immunity in male red jungle fowl. Behavioral Ecology 11 (2): 146–153.

Zuk, Marlene, Kristine Johnson, Randy Thornhill, und David Ligon. 1990. Mechanisms of female choice in Red Jungle Fowl. Evolution; international journal of organic evolution 44 (3): 477–485.

Zylka, Isabel. 2021. Auswirkungen eines großflächigen und langandauernden Stromausfalls auf Nutztiere in Stallhaltungen – Eine Risikoanalyse der drängensten Tierschutzprobleme und mögliche Handlungsoptionen. Inaugural-Dissertation. Hannover.

Abbildungsverzeichnis

Abbildungsquellen

Abbildung 2.1: Gallus diversity; Termininja, CC BY-SA 4.0, https://commons.wikimedia.org/w/index.php?curid=88419241: G. gallus Rudraksha Chodankar, CC BY-SA 4.0 <https://creativecommons.org/licenses/by-sa/4.0>, via Wikimedia Commons, G. lafayettii: Von Steve Garvie from Dunfermline, Fife, Scotland – Ceylon Junglefowl (Gallus lafayetii) Male, CC BY-SA 2.0, https://commons.wikimedia.org/w/index.php?curid=11461090, G. sonneratii: Von Arshad ameen – Eigenes Werk, CC BY-SA 4.0, https://commons.wikimedia.org/w/index.php?curid=66383515 G. varius: Von Francesco Veronesi from Italy – Green Junglefowl – Baluran NP – East Java_MG_7948, CC BY-SA 2.0, https://commons.wikimedia.org/w/index.php?curid=56395971.

Abbildung 2.2: By Donkey shot – Map Source www.shadedrelief.com , Data Sources: del Hoyo, A. Elliott, J. Sargatal, A. D. Christie, E. de Juana (Hg.): Handbook of the Birds of the World Alive. Lynx Edicions, Barcelona 2016 The IUCN Red List of Threatened Species, 2015-4, CC BY-SA 4.0, https://commons.wikimedia.org/w/index.php?curid=48232416.

Abbildung 3.1: Peters et al. (2022) https://www.pnas.org/doi/10.1073/pnas.2121978119#fig02 mit freundlicher Genehmigung der Autoren, CC License Non Commerce.

Abbildung 3.2: Jason Thompson – Flickr: Red Junglefowl, CC BY 2.0, https://commons.wikimedia.org/w/index.php?curid=30900317.

Abbildung 3.3: JJ Harrison (https://www.jjharrison.com.au/) – Eigenes Werk, CC BY-SA 3.0, https://commons.wikimedia.org/w/index.php?curid=13379216.

Abbildung 4.1: Flickr user Jason Riedy, https://flic.kr/p/cunhmw

Abbildung 4.2: Flickr user Crispin Semmens https://flic.kr/p/hjkRd (zugeschnitten).

Abbildung 4.3: Flickr user Crispin Semmens https://flic.kr/p/hhGC1 (zugeschnitten).

Abbildung 4.4: Thegreenj, CC BY-SA 3.0 <http://creativecommons.org/licenses/by-sa/3.0/>, via Wikimedia Commons, https://upload.wikimedia.org/wikipedia/commons/a/a5/Hen_chicken.jpg

Abbildung 5. 1: Collias und Collias (1967, 366).

Abbildung 5.2: Fölsch und Hoffmann 1992; GÖT e.V. 2003, S. 57

Abbildung 5.3: Abbildung nach Dawkins (1989, S. 79), bearbeitet

Tabellenverzeichnis

Glossar

Binokulares Sehen: Bilder, die mit beiden Augen gesehen werden, werden im Gehirn zu einem kombiniert und so als ein Ganzes wahrgenommen.

Broiler: Masthühner, die in Hochleistungszuchtlinien auf besonders schnellen Fleischansatz, dabei besonders auf Brustfleisch gezüchtet werden. Broiler wurden in den 1940er-Jahren in den USA erstmals darauf gezüchtet, besonders schnell ihr Schlachtgewicht zu erreichen. Heute sind Broiler mit fünf bis sechs Wochen schlachtreif und haben dann das 50-Fache ihres Schlupfgewichts erreicht.

Domestikation: Haustierwerdung. Wenn eine Wildtierart vom Menschen zum Haustier gemacht wird, erfolgt dies über einen längeren Zeitraum. Die Domestikation beschreibt den Prozess der Veränderung, den die Art in dieser Zeit durchläuft.

Enrichment: Angebote, die die (unnatürliche) Umgebung von Tieren in Gefangenschaft mit Reizen und Beschäftigungsmöglichkeiten anreichern. Dazu zählen etwa Futterverstecke, Spielzeug sowie Scharr- und Nistmaterial in Zoos und Ställen.

Genom: gesamtes Erbgut eines Lebewesens, das in der DNA festgeschrieben ist.

Grooming: gegenseitige Körperpflege unter Tieren, die vor allem der Stärkung der Beziehung zueinander dient. Wird dabei ein essbarer Lästling entdeckt, kann es vorkommen, dass dieser vom pflegenden Tier verspeist wird.

Habitat: natürlicher Lebensraum, an den Tierarten oder Populationen angepasst sind.

Kognition: gängige Bezeichnung für Intelligenz bei nicht-menschlichen Tieren.

Lateralisation: asymmetrische Aufteilung der Funktionen auf beide Gehirnhälften. Bei Vögeln durch die unterschiedliche Intensität des Lichteinfalls durch die Eischale stark ausgeprägt. Bei Menschen und anderen Säugetieren zumeist nur in abgeschwächter Form zu bemerken (z.B. rechte Gehirnhälfte eher für kreative Aufgaben zuständig).

Medullärer Knochen: Gewebe in den Röhrenknochen weiblicher Hühner, das einzig zur raschen Bereitstellung von Kalzium für die Eischalenbildung dient. Das medulläre Knochengewebe hat keinerlei Stützfunktion und wird je nach Bedarf innerhalb der Röhrenknochen auf- und wieder abgebaut. Es kann auch in der Archäologie als Informant für die Legeproduktivität von Hennen aus früheren Zeiten dienen.

Monokulares Sehen: Bilder, die mit einem Auge gesehen werden, werden nicht mit den Bildern, die vom anderen Auge gesehen werden, im Gehirn kombiniert. Beide Bilder werden daher gleichzeitig, aber getrennt voneinander wahrgenommen.

Neocortex: Großhirnrinde. Der Teil des Gehirns, der beim Menschen besonders groß ist und zur Verarbeitung von Sinneseindrücken und für die Speicherung von Informationen, für Erinnerungen und deren Verknüpfung dient. Die Bedeutung des Neocortex bei anderen Tieren kann mitunter stark von der für den Menschen variieren. Der Neocortex bildet sich aus dem oberen Teil des Palliums aus und ist beim Menschen geschichtet.

Nestflüchter: Tiere, die bei ihrer Geburt bzw. nach dem Schlupf bereits weit entwickelt sind. Sie können sich selbstständig fortbewegen und Nahrung aufnehmen. Im Gegensatz dazu sind Nesthocker wesentlich weniger entwickelt, daher hilflos und bleiben noch einige Zeit im Nest, wo sie von ihren Eltern gefüttert werden müssen.

Nomenklatur: In der von Carl von Linné (1707–1778) eingeführten binominalen Nomenklatur bezeichnet der erste Teil des Namens mit großem Anfangsbuchstaben, also das erste *Gallus*, die Gattung der Tiere und Pflanzen und gemeinsam mit dem zweiten Teil des Namens – in diesem Fall das zweite *gallus* – dann die Art. Gibt es noch einen dritten Teil, so handelt es sich dabei um die weitere Untergliederung in Unterarten. Tiere (bzw. Pflanzen) der gleichen Gattung sind genetisch verwandt, können in seltenen Fällen sogar gemeinsame Nachkommen haben, die aber in der Regel unfruchtbar sind. Lebewesen gleicher Art können gemeinsam fruchtbare Nachkommen zeugen. Verschiedene Unterarten sind meistens in unterschiedlichen Verbreitungsgebieten anzutreffen und/oder unterscheiden sich geringfügig, zumeist in äußerlichen Merkmalen: Bei Vögeln sind das z. B. Gefiederfarben, -abzeichen oder die Körpergröße. Wissenschaftliche Namen werden – so in der Biologie üblich – stets *kursiv* geschrieben.

Objektpermanenz: Fähigkeit zu verstehen, dass etwas existiert, auch wenn es sich nicht im Blickfeld befindet.

Pallium: Mantel des Endhirns, aus dessen Zellen sich beim Menschen der Neocortex weiterentwickelt. Bei Vögeln übernimmt das Pallium ähnliche Funktionen wie der menschliche Neocortex, ist jedoch nicht geschichtet. Es ermöglicht eine schnellere Informationsverarbeitung und benötigt weniger Platz.

Population: Untergruppe einer Tierart, die ein bestimmtes Gebiet bewohnt und sich hauptsächlich untereinander vermehrt.

Sonogramm (auch Sonagramm): Grafische Darstellung von Tönen, Gesängen und Klängen, die ihren wissenschaftlichen Vergleich möglich machen.

Speziesismus: Unterschiedlichen Arten wird ein unterschiedlicher Wert und somit unterschiedliche Rechte zugesprochen. Argumentiert wird dabei meistens mit Fähigkeiten, die den menschlichen mehr oder weniger ähnlich sind. Je ähnlicher Tiere den Menschen sind, desto mehr Rechte werden ihnen typischerweise zugesprochen.

Stereotypes Verhalten: Bewegungsabläufe und Lautäußerungen, die regelmäßig, wiederholt und gleichbleibend auftreten.

Subdominant: Alle dem dominanten Hahn (Despoten) untergeordneten Hähne, die sich in der Rangordnung einer Gruppe an unterschiedlichen Positionen einordnen.

Systematik: Namensgebung und Einteilung der Lebewesen, früher maßgeblich nach ihren Ähnlichkeiten in Aussehen, Vorkommen und Verhalten, heute besonders nach ihrer genetischen Verwandtschaft. Ein wichtiger Aspekt der Systematik ist die Nomenklatur.

Endnoten

1 Dixon (1851/ 2021).

2 Reverend Saul Dixon (1809-1893), britischer Gelehrter, Geistlicher, Autor, Preisrichter für Geflügel hatte in seinem Freund Charles Dickens einen wohlwollenden Förderer und stand in regem Briefwechsel mit Charles Darwin, der ihn als Experten in Geflügelfragen schätzte und mit dem er – allein durch seine Weltanschauung als Geistlicher – bei Weitem nicht immer einer Meinung war.

3 Wiemann (2005).

4 Lawler (2016).

5 Wiemann (2005).

6 FAO (2022a).

7 Rossellini und Casanova (2017).

8 Tranchellini und Monti (2020).

9 Soudée (2018).

10 Freire und Hazel (2017).

11 Rugani et al. (2008); Rugani et al. (2015); Rugani et al. (2009).

12 Collias und Collias (1996); Collias und Saichuae (1967); Collias (1987); Collias und Collias (1967); Johnson (1963).

13 Kruijt (1964); Lill (1966); Banks (1956).

14 zum Beispiel in Liu et al. (2006); Lawal et al. (2020); Agnvall et al. (2017) Roth und Lind (2013); Lawal et al. (2020); Rubin et al. (2010); Bélteky et al. (2017); Gjøen und Jensen (2021).

15 Duncan et al. (1978).

16 Dawkins (1989).

17 Brisson (1760).

18 Darwin (1859, S. 14).

19 Beebe (1926).

20 Raethel (1988).

21 Raethel (1988, S. 580ff.).

22 Collias und Collias (1967, S. 380).

23 Mendyk (2014).

24 Gould (2004).

25 Beebe (1926).

26 Lawler (2016, S. 11).

27 Gould (2004, S. 26).

28 Gould (2004, S. 42).

29 Beebe (1926, S. 212).

30 Raethel (1988, S. 576).

31 Beebe (1926, S. 198).
32 Collias und Collias (1967, S. 378).
33 Mayr (1986).
34 Delacour (1964).
35 Raethel (1988).
36 f. steht für forma (Form, hier: Haustierform)..
37 Johnson (1963).
38 Raethel (1988, S. 576).
39 Collias und Saichuae (1967, S. 193) Unsere Haushühner haben einen wesentlich größeren Bedarf an Wasser, das großteils in die Eiproduktion fließt.
40 Peters et al. (2022, 3).
41 Collias und Collias (1967).
42 Delacour (1964).
43 Akrim et al. (2016).
44 Beebe (1926).
45 Collias und Collias (1967, S. 370).
46 Collias und Saichuae (1967, S. 191).
47 Collias und Collias (1967, 1996).
48 Collias und Collias (1967).
49 Collias und Collias (1996).
50 Collias und Saichuae (1967); Giles (1932); Janzen (1976).
51 Giles (1932).
52 Collias und Saichuae (1967, S. 190).
53 Collias und Saichuae (1967, S. 190).
54 Janzen (1976).
55 Lawler (2016, S. 15).
56 Beebe (1926, S. 227f.).
57 Gould (2004, S. 141).
58 Delacour (1964, S. 108).
59 Lawler (2016, S. 23).
60 Lawler (2016, S. 16).
61 Lawler (2016, S. 15).
62 Condon et al. (2019).
63 Schwartz und Schwartz (1949); Peters et al. (2022).
64 Collias und Collias (1967).
65 Johnson (1963).
66 Vgl. Zeder (2015).
67 Collias und Collias (1967, S. 376).
68 Collias und Collias (1967, S. 377).
69 Collias und Collias (1967); Shimmura und Yoshimura (2013).
70 Johnson (1963).

71 Seit spätestens 2012 gibt es keine Bankivahühner mehr im San Diego Zoo (Slobodchikoff (2012).
72 Collias und Collias (1967, S. 382).
73 Collias und Collias (1996).
74 Collias und Collias (1967, S. 382).
75 McBride et al. (1969).
76 Duncan et al. (1978).
77 Garnham und Løvlie (2018); Dawkins (1989); Väisänen et al. (2005).
78 Sambraus (2002); Marino (2017b).
79 Appleby et al. (2004, S. 35f.).
80 Lawler (2016).
81 Raethel (1988); Poynter (2017); Delacour (1964).
82 Dingle (1985).
83 Peters et al. (2022); Best et al. (2022).
84 Larson und Fuller (2014); MacHugh et al. (2017).
85 Bowman (1990); Storey et al. (2007).
86 Peters et al. (2022).
87 Best et al. (2022).
88 Peters et al. (2022); Barton et al. (2020).
89 Lawal et al. (2020).
90 Collias und Saichuae (1967).
91 Collias und Saichuae (1967).
92 Six und Höck (2022).
93 Peters et al. (2022).
94 Collias und Saichuae (1967); Beebe (1926); Setianto et al. (2017); Collias (1952).
95 Zeder (2015).
96 Zeder (2015).
97 Collias und Saichuae (1967).
98 Nicol (2015, S. 4f.).
99 Subhani et al. (2010).
100 Nicol (2015).
101 Girdland Flink et al. (2014).
102 Aldrovandi und Lind (1600/ 1963 / 2012).
103 Girdland Flink et al. (2014).
104 Girdland Flink et al. (2014).
105 Nicol (2015).
106 Eriksson et al. (2008).
107 Girdland Flink et al. (2014).
108 Eriksson et al. (2008).
109 Girdland Flink et al. (2014).

110 Six und Höck (2022); Girdland Flink et al. (2014); Schmidt und Proll (2011); Eriksson et al. (2008).
111 Javed und Rahmani (2000).
112 Fernandes et al. (2012).
113 Setianto et al. (2017); Brickle et al. (2008).
114 Nguyen-Phuc und Berres (2018).
115 Fernandes et al. (2009).
116 Nguyen-Phuc und Berres (2018).
117 Håkansson und Jensen (2005).
118 Setianto et al. (2017).
119 Beebe (1926).
120 Beebe (1926, S. 203).
121 Collias und Collias (1967, S. 375).
122 Collias und Saichuae (1967, S. 201).
123 Collias und Saichuae (1967).
124 Desta (2019).
125 Delacour (1964, S. 109).
126 Desta (2019) Vgl. Kapitel Sandbad
127 Brisbin und Peterson (2007).
128 Brisbin und Peterson (2007).
129 Condon et al. (2019).
130 Lawler (2016).
131 Brisbin und Peterson (2007).
132 Agnvall et al. (2014).
133 Agnvall et al. (2018).
134 Agnvall et al. (2018).
135 Agnvall et al. (2014).
136 Schmidt und Proll (2011).
137 Nicol (2015, S. 16).
138 vgl. Abbildung
139 Appleby et al. (2004, S. 14).
140 Nicol (2015, S. 17).
141 Damerow (2012, S. 109f.).
142 Roth und Lind (2013).
143 Nicol (2015, S. 16).
144 Rogers et al. (2004).
145 Rogers et al. (2004).
146 Nicol (2015).
147 Szabó et al. (2022).
148 Rogers und Kaplan (2019).
149 Rogers und Kaplan (2019).
150 Nicol (2015, S. 38f.); Rogers et al. (2004).

151 Dawkins (1995).
152 D'Eath und Dawkins (1996).
153 Ryan und Lea (1994).
154 Dawkins (1995).
155 Barber (2017, S. 118).
156 Nicol (2015, S.138).
157 Wood-Gush (1971).
158 Ali und Cheng (1985).
159 Collins et al. (2011).
160 Engelmann (1940).
161 Engelmann (1942).
162 Appleby et al. (2004, S. 16f.).
163 Nicol (2015, S. 27).
164 Kare et al. (1957).
165 Kare et al. (1957).
166 Nicol (2015, S. 27); Appleby et al. (2004, S. 17).
167 Appleby et al. (2004, S. 17f.).
168 Fluck et al. (1996).
169 Zidar und Løvlie (2012).
170 Nicol (2015, S. 27).
171 Nicol (2015, S. 26).
172 Damerow (2012, S. 180).
173 Appleby et al. (2004, S. 88ff.); Marino (2017b, S. 129).
174 Nicol et al. (2013).
175 Denzau et al. (2013).
176 Wiltschko et al. (2007).
177 Caughey (2018).
178 Nicol (2015, S. 23); Drake et al. (2010); Campo et al. (2005).
179 Gleich und Langemann (2011).
180 Dávila et al. (2011); Chiandetti und Vallortigara (2011).
181 Campo et al. (2005); Christensen und Knight (1975).
182 Nicol (2015, S. 23ff.).
183 Claes et al. (2018).
184 Claes et al. (2018).
185 Dooling et al. (2008).
186 Nicol (2015, S. 15).
187 Roenneberg (2018).
188 Shimmura und Yoshimura (2013).
189 Collias und Collias (1967, S. 363).
190 Collias und Collias (1967).
191 Shimmura und Yoshimura (2013).
192 Pizzari und Birkhead (2001).

193 Fölsch und Vestergaard (1981, S. 112).
194 Fölsch und Vestergaard (1981, S. 112).
195 Nicol (2015, S. 148).
196 Dawkins und Hardie (1989).
197 Rodenburg et al. (2013); Nicol und Pope (1992).
198 Wood-Gush (1971, S. 2).
199 McBride et al. (1969).
200 Beebe (1926); Raethel (1988, S. 576).
201 Collias und Saichuae (1967, S. 196).
202 Appleby et al. (2004, S. 46).
203 Kegel (2018, S. 182).
204 Blumencron (1894, 114).
205 Wood-Gush (1971, S. 91).
206 Wood-Gush (1971, S. 91).
207 Appleby et al. (2004, S. 47).
208 Beebe (1926, S. 204).
209 Wood-Gush (1971, S. 99).
210 Nicol (2015, S. 46).
211 Engelmann (1940).
212 Engelmann (1940).
213 Wiemann (2005).
214 Bessei und Reiter (2009).
215 Wood-Gush (1971, S. 105).
216 Wood-Gush (1971, S. 105).
217 Wood-Gush (1971, S. 117).
218 Damerow (2012, S. 91).
219 Damerow (2012, S. 91).
220 Nicol (2015, S. 27).
221 Appleby et al. (2004, S. 46).
222 Nicol (2015, S. 89).
223 Wood-Gush (1971, S. 100).
224 Collias und Collias (1967).
225 Nicol (2015, S. 94).
226 Dawkins (1989, S. 78).
227 Nicol (2015) (2015, S. 86ff.).
228 Necker (k.A.).
229 Nicol (2015, S. 86).
230 Winckler und Heigl (2015).
231 Winckler und Heigl (2015).
232 Nicol (2015, S. 49).
233 Nicol (2015, S. 86f.).
234 Nicol (2015, S. 88).

235 Nicol (2015, S. 94).
236 Nicol (2015, S. 94).
237 Bundesanstalt für alpenländische Landwirtschaft (2003).
238 Nicol (2015, S. 91); Wood-Gush (1971, S. 108).
239 Lundberg und Keeling (2003).
240 Dawkins (1998, S. 156).
241 Wichman und Keeling (2008).
242 Olsson und Keeling (2005).
243 Wood-Gush (1971, S. 91).
244 Leonard und Zanette (1998, S. 1102).
245 Nicol (2015, S. 92f.).
246 Zimmerman et al. (2011); Nicol (2015, S. 90).
247 Nicol (2015, S. 92ff.).
248 Winter (2019).
249 Olsson und Keeling (2005, S. 279).
250 Nicol (2015, S. 91).
251 Six und Höck (2022).
252 Barber (2017, S. 42f.); Damerow (2012, S. 114f.).
253 Berry (2003).
254 Zeltner (2020); Damerow (2012, S. 180f.).
255 Damerow (2012).
256 Zeltner (2020).
257 Berry (2003); Park und Sohn (2018).
258 Zeltner (2020).
259 Rette das Huhn e.V. (2022).
260 Appleby et al. (2004, S. 47).
261 Dawkins (1989).
262 Kruijt (1964).
263 Nicol (2015, S. 90).
264 Nicol (2015, S. 117).
265 Nicol (2015, S. 90).
266 Nicol (2015, S. 90).
267 Hoy (2009, S. 217).
268 Rodenburg et al. (2013).
269 Nicol (2015, S. 117).
270 Olsson und Keeling (2005).
271 Appleby et al. (2004, S. 83).
272 Rodenburg et al. (2013).
273 Nicol (2015, S. 174).
274 Nicol (2015, S. 174).
275 Sambraus (2002).
276 Appleby et al. (2004, S. 83); University of Bristol.

277 Damerow (2012, S. 282).
278 Bennett et al. (2016).
279 University of Bristol.
280 Bennett et al. (2016).
281 Quelle: https://www.projekt-gutenberg.org/aesop/fabeln/chap003.html. Äsop (Aesopius) war ein antiker Dichter. Er lebte vermutlich im 6. Jhdt. v. Chr., seine Fabeln wurden bis zum Mittelalter vielfach übertragen und abgewandelt. Eine genaue Datierung dieser Geschichte ist daher nicht möglich.
282 Sealey und Charles (2013); Benson (2016).
283 Serpell (2004).
284 Thompson (2016); Phillips et al. (2012).
285 Thompson (2016).
286 Kegel (2018).
287 Paul und Serpell (1993); Hazel et al. (2015).
288 Henríquez (2022).
289 Bastian et al. (2012); Li Lin-Schilstra und Fischer (2020).
290 Ackerman (2016, S. 25).
291 Nicol (2015, S. 128).
292 Montgomery (2011).
293 Derka (30.3.2021).
294 Ryan (2018).
295 Hazel et al. (2015).
296 Hazel et al. (2015); Ryan (2018); Pryor und Chase (2014).
297 Hazel et al. (2015).
298 Burish et al. (2004).
299 Marino (2017b, S. 128).
300 Byrd et al. (2017); Cottee (2012).
301 Rogers und Kaplan (2005).
302 Jarvis (2005).
303 Rogers und Kaplan (2005).
304 Freire und Hazel (2017).
305 Freire und Hazel (2017).
306 Agnvall et al. (2017).
307 Marino (2017b).
308 Marino (2017b, S. 130).
309 Marino (2017b, S. 130f).
310 EUPHA (2017); Rugani et al. (2009).
311 Marino (2017b, S. 131f.); Rugani et al. (2015).
312 Marino (2017b, S. 132).
313 Dawkins (1988).
314 Szabó et al. (2022).

315 Szabó et al. (2022).
316 Marino (2017b, S. 133).
317 Abeyesinghe et al. (2005).
318 Hogue et al. (1996).
319 Hogue et al. (1996).
320 Marino (2017b, S. 134f.).
321 Boissy et al. (2007).
322 Duncan (2006).
323 Hazel et al. (2015).
324 Jamieson et al. (2012).
325 Morris et al. (2012).
326 Thompson (2016). Phillips et al. (2012)
327 Phillips und McCulloch (2005).
328 Kupsala et al. (2016).
329 McGrath et al. (2013).
330 Hall und Sandilands (2007).
331 Nicol (2015, S. 67).
332 Marino (2017b, S. 138).
333 Marino (2017b, S. 139); Nicol (2015, S. 71).
334 Nicol (2015, S. 71); Marino (2017b, S. 139).
335 Nicol et al. (2011).
336 Wichman und Keeling (2008).
337 Nicol (2015, S. 69).
338 Dawkins (1998, S. 155).
339 Edgar et al. (2011).
340 Edgar et al. (2015).
341 Edgar et al. (2012).
342 Nicol (2015, S. 95).
343 Edgar et al. (2015).
344 Marino (2017b, S. 141).
345 Nicol et al. (2009).
346 Nicol et al. (2009).
347 Favati et al. (2014).
348 Gosling (2008).
349 Marino (2017b, S. 141).
350 Marino (2017a); Bottomley und Loughnan (2017).
351 Nicol (2015, S. 105); Pizzari und Birkhead (2001).
352 Sykes (2012, S. 159)
353 Guhl et al. (1960).
354 Millman et al. (2000).
355 Man könnte ihn auch Alpha-Männchen, dominanten Hahn oder schlichtweg Chef nennen.

356 Väisänen et al. (2005).
357 Nicol (2015, S. 106).
358 Collias und Collias (1996, S. 1345).
359 Zuk und Johnsen (2000).
360 Zuk et al. (1990).
361 Gyger (1988).
362 Johnsen et al. (2001).
363 Millman et al. (2000).
364 Nicol (2015, S. 107).
365 Løvlie und Pizzari (2007).
366 Løvlie et al. (2014).
367 Birkhead und Pizzari (2002).
368 Pizzari und Birkhead (2000).
369 Nicol (2015).
370 Smith und Evans (2009).
371 Leonard und Zanette (1998).
372 Smith et al. (2011).
373 Smith et al. (2009).
374 Smith und Evans (2009).
375 Smith und Evans (2009, 2008).
376 Marino (2017b, S. 138).
377 Wood-Gush (1971, S. 19).
378 Nicol (2015, S. 105).
379 Nicol (2015, S. 105).
380 Nicol (2015, S. 104).
381 Appleby et al. (2004, S. 70).
382 McBride et al. (1969).
383 Bradshaw (1992).
384 Bradshaw und Dawkins (1993).
385 Dharmaretnam und Andrew (1994).
386 Marino (2017b, S. 137).
387 Abeyesinghe et al. (2013).
388 United Nations (2020); Abeyesinghe et al. (2013); D'Eath und Keeling (2003).
389 Marino (2017b, S. 137).
390 Abeyesinghe et al. (2009).
391 Nicol (2015, S. 165).
392 Fölsch und Vestergaard (1981).
393 D'Eath und Keeling (2003).
394 Nicol (2015, S. 113).
395 Nicol (2015, S. 113).
396 D'Eath und Keeling (2003); Febrer et al. (2006).

397 Nicol (2015, S. 110).
398 Damerow (2012, S. 198).
399 Abeyesinghe et al. (2009).
400 Dyce et al. (1991).
401 Collias und Collias (1996).
402 Leonard und Horn (1995).
403 Väisänen et al. (2005).
404 Rushen (1982).
405 Pagel und Dawkins (1997).
406 Damerow (2012, S. 200).
407 Nicol (2015, S. 83).
408 Nicol (2015, S. 83).
409 Fölsch und Vestergaard (1981, S. 95).
410 Bump und Bohl (1961).
411 Barber (2017, S. 90).
412 Gribovskiy et al..
413 Wood-Gush (1971).
414 Collias und Collias (1967).
415 McBride et al. (1969, S. 138).
416 Nicol (2015, S. 24).
417 Nicol (2015, S. 109).
418 Wauters et al. (1999).
419 Feekes (1971, S. 1).
420 Feekes (1971).
421 Feekes (1971, S. 108).
422 Wood-Gush (1971, S. 21ff.).
423 Väisänen et al. (2005).
424 Leonard und Zanette (1998).
425 Marino (2017b, S. 139).
426 Wood-Gush (1971).
427 Vallortigara (1992).
428 Nicol (2015, S. 107).
429 Collias (1987).
430 Wood-Gush (1971).
431 Caughey (2018, S. 44).
432 Leonard und Horn (1995).
433 Leonard und Horn (1995).
434 Leonard und Horn (1995).
435 Leonard und Zanette (1998).
436 Leonard und Horn (1995).
437 Collias und Collias (1967, S. 364).
438 Horn et al. (1995).

439 Horn et al. (1995).
440 Collias und Collias (1967); Collias und Saichuae (1967).
441 Collias und Saichuae (1967); Collias und Collias (1967).
442 Claes et al. (2018).
443 Appleby et al. (2004, S. 36).
444 Six und Höck (2022, S. 62f.).
445 ZDF (21.01.2021).
446 Caughey (2018, S. 14ff.).
447 Collias (1987).
448 Wood-Gush (1971).
449 Collias (1987).
450 Szabó et al. (2022).
451 Nicol (2015).
452 Collias und Collias (1967).
453 Potvin et al. (2018); Suzuki (2020).
454 Gyger (1988).
455 Kokolakis et al. (2010).
456 Wilson et al. (2008).
457 Karakashian et al. (1988).
458 Evans und Wilson (2010).
459 Evans et al. (1993).
460 Evans et al. (1993).
461 Stoddard et al. (2017).
462 Sah und Mishra (2018).
463 Stoddard et al. (2017); Lück und Gaymann (2005).
464 Handbuch der Geflgelphysiologie (1984, S. 937).
465 Kaspers (2016).
466 Dyce et al. (1991).
467 Mao et al. (2006).
468 Appleby et al. (2004, S. 19); Kaspers (2016); Dyce et al. (1991) Im WWW finden sich zahlreiche übersichtliche und grafisch wunderbar aufbereitete Erklärungen, etwa unter https://www.schubu.at/p178/die-fortpflanzung-der-voegel, um nur eine zu nennen.
469 Eieibio (k. A.).
470 Hernandez und Beardsworth (2005).
471 Vuilleumier (1969).
472 Karadas et al. (2006); Bovšková et al. (2014).
473 Karadas et al. (2006).
474 Baiao et al. (1999).
475 Nicol (2015, S. 42).
476 Samiullah et al. (2017).

477 Appleby et al. (2004, S. 19).
478 Damerow (2012, S. 104).
479 Gole et al. (2014).
480 Eieibio (k. A.).
481 Barber (2017, S. 91); Dyce et al. (1991).
482 Samiullah et al. (2017).
483 Damerow (2012, S. 243).
484 Appleby et al. (2004, S. 203).
485 Schmitz-Scherzer (1997).
486 Parsons (1982).
487 Kaspers (2016).
488 Bessei (2004, S. 3); Nicol (2015, S. 81).
489 Nicol (2015, S. 83).
490 Appleby et al. (2004, S. 113); Nicol (2015, S. 82).
491 Sah und Mishra (2018); Damerow (2012, S. 98).
492 Dyce et al. (1991, S. 861).
493 Appleby et al. (2004, 104, 109); Nicol (2015, S. 84).
494 Appleby et al. (2004, S. 104).
495 Appleby et al. (2004, S. 106).
496 Appleby et al. (2004, S. 113f.).
497 Pizzari und Birkhead (2001).
498 Barber (2017, S. 90).
499 Qiu et al. (2012).
500 Eieibio (k. A.).
501 Eieibio (k. A.).
502 Lawler (2016, S. 222).
503 FAO (2022a).
504 Otterstedt (2009, S. 312).
505 Lawler (2016, S. 1).
506 Bennett et al. (2018).
507 Mossavar-Rahmani (2022).
508 Zylka (2021).
509 MacDonald und Kantchev (04.08.2022).
510 Nichols (21.07.2020).
511 CBS News (2020).
512 farm sanctuary (2020).
513 Walsh (2020).
514 Boztas (14.09.2022).
515 Bolotnikova (08.03.2022).
516 Boztas (14.09.2022).
517 Chapot et al. (2021); Kevany (2020).
518 Kainrath (31.03.2022).

519 Winter (2019).
520 Roost (2020).
521 Ali und Cheng (1985).
522 Macho (2022, S. 76).
523 Bennett et al. (2018).
524 Land schafft Leben (2022b).
525 Compassion Food Business (März 2020).
526 Compassion Food Business (März 2020).
527 Hörning (2008); AMA (2019).
528 Gribovskiy et al..
529 Bessei (2020); Nicol (2015, S. 149f.).
530 Schweizer Bauernverband (2022).
531 Nicol (2015, S. 89).
532 Nicol (2015, S. 148).
533 Hörning (2008); Tickle et al. (2014); Baéza et al. (2012).
534 Hörning (2008).
535 Nina Hofstädter im persönlichen Gespräch.
536 BioSuisse (2022) (Standard für Knospe-Produkte, Bio Suisse).
537 BioSuisse (2022).
538 Compassion Food Business (März 2020).
539 Compassion Food Business (März 2020).
540 Schweizer Bauernverband (2022); Compassion Food Business (März 2020).
541 BLW (2021); ZAG (16.09.2021); BioSuisse (2022); BLE (2021); DESTATIS (2021); USDA (2021); National Chicken Council (2021); USDA (2022); Orzechowski (2022); Proviande (2021); Schweizer Bauernverband (2022).
542 BLE (2021, S. 24).
543 Bennett et al. (2018).
544 Hadorn et al. (2000).
545 Compassion in World Farming (2022).
546 Nicol (2015).
547 EC (2022).
548 Mönch (2021).
549 Fölsch und Vestergaard (1981).
550 Maurer et al. (2022).
551 Maurer et al. (2022).
552 Zeltner (2004a).
553 Maurer et al. (2022).
554 EC (2022).

555 Schätzungen variieren. Die FAO spricht von 90–95 % Käfighaltung, Compassion in World Farming (2022) schätzen, dass >60 % der Legehennen weltweit in industrialisierten Systemen leben, davon der Großteil in Käfighaltung.
556 In den USA wird statistisch nur käfigfreie Haltung ausgewiesen.
557 Davies (2020); EC (2022); BLW (2021); Land schafft Leben (2022a); BMEL (23.03.2022); Baier (2015).
558 Mcdougal (2019).
559 Kainrath (31.03.2022).
560 Mcdougal (2021).
561 EC (2016).
562 Jung et al. (2019).
563 Wilkins et al. (2011).
564 Bennett et al. (2016).
565 Lohmann Breeders.
566 Appleby et al. (2004, S. 6f.).
567 Six und Höck (2022).
568 Lohmann Breeders.
569 Barber (2017, S. 36).
570 Appleby et al. (2004, S. 193); Albert Schweitzer Stiftung.
571 Land schafft Leben (2022a).
572 van der Linde und Jung (2019).
573 BLW (03.2021).
574 van der Linde und Jung (2019).
575 Kaspers (2016).
576 Park und Sohn (2018).
577 Rette (d)ein Huhn.
578 Krauch (2015).
579 https://orf.at/stories/3263618
580 QGV (15.12.2021).
581 Krauch (2015).
582 Leopold (11.04.2021).
583 Galli et al. (2018).
584 Einen guten Überblick gibt Vogel (2019).
585 Galli et al. (2018).
586 Vogel (2019).
587 Tagesaktueller Preisvergleich 15.10.22, ganzes Huhn (Discounter, AT): bio (AT) 165 % von konventionell (AT), Hühnchenbrust Supermarkt bio (AT) 360 % von konv. (IT) und 245 % von konv. (AT).
588 FAO (2018, S. 145).
589 Leinonen et al. (2012).

590 Theurl et al. (2020); Muller et al. (2017); Buller et al. (2018); Godfray et al. (2018).
591 Erb et al. (2009).
592 Ökolandbau NRW (2019).
593 Ökolandbau.de.
594 BIO Austria.
595 Wenig et al. (2013).
596 Bergler und Ramsbacher (2011); Kranzler (2020).
597 Jones et al. (2007).
598 Jones et al. (2007).
599 van der Linde und Jung (2019).
600 Maurer et al. (2022); Zeltner (2004b).
601 Zeltner (2004a).
602 Bundesverband Mobile Geflügelhaltung e.V..
603 Olowa et al. (2020); Cole et al. (2014).
604 Bergler und Ramsbacher (2011).
605 van der Linde und Jung (2019).
606 Kahls (2014).
607 Nückles (2022).
608 Frahm (1888).
609 Kahls (2014).
610 Colmar Agglomeration (2021).
611 C. Colmar (2022).
612 Smith und Daniel (1975, S. 323).
613 Da in den gesetzlichen Bestimmung Deutschlands, Österreichs und der Schweiz die Begriffe sinngemäß gleich definiert sind, wurden hier Auszüge aus allen drei Rechtssystemen verwendet.
614 Österr. Bundesrecht konsolidiert.
615 Deutsches Bundesamt für Justiz.
616 Schweizerische Eidgenossenschaft – Der Bundesrat.
617 https://www.rettedeinhuhn.at/
618 Otterstedt (2017, S. 65); Scholl et al. (2016); Janker et al. (2018).
619 Göhring und Schneider-Rapp (2017, S. 68).
620 Göhring und Schneider-Rapp (2017, S. 73).
621 Janker et al. (2018); Göhring und Schneider-Rapp (2017).
622 Honeder und Herzina-Rusch (2021).
623 Caughey (2018, S. 130).
624 Caughey (2018, S. 131).
625 Janker et al. (2018, S. 27).
626 Bisenberger und Frigerio (2012); Fritz (2016).
627 Prokop und Randler (2018); Bogner et al. (2019).
628 Paul und Serpell (1993); Hazel et al. (2015); Jamieson et al. (2012).

629 Hawkins et al. (2019); Herbert und Lynch (2017); Hummel und Randler (2012); Maruyama (2005); Beetz et al. (2018).
630 Gropengießer und Kattmann (2010, S. 304).
631 Wilde und Bätz (2009); Meyer et al. (2016).
632 Brämer et al. (2016); Prokop et al. (2007).
633 Gentina und Singh (2015); Backett-Milburn et al. (2010); He et al. (2012); Martensen und Grønholdt (2008).
634 Binngießer und Randler (2011); Itle-Clark (2014); Hall und Sandilands (2007).
635 Hagedorn et al. (2019); Jamieson et al. (2015); Spannring (2018); Lee (2019).
636 Bai und Romanycia (2012) Jamieson et al. (2015); Bezeljak et al. (2020); Mustola (2019).
637 Lawler (2016, S. 3).
638 Kahls (2014).
639 Sealey und Charles (2013); Benson (2016).
640 Caughey (2018).
641 Benson (2016).
642 Coeckelbergh und Gunkel (2014).
643 Best et al. (2022).
644 Fothergill und Flick (2017).
645 Peters (1997).
646 Serpell (1987, S. 170).
647 Peters (1997).
648 Lawler (2016, S. 197); Richardson (1847).
649 Serpell (1987).
650 Rossellini und Casanova (2017).
651 Soudée (2018).
652 Joseph (2013, S. 3).
653 Lawler (2016, S. 5f.).
654 Lazutkaite (2020, S. xviii).
655 Joseph (2013).
656 Lawler (2016, S. 226f.).
657 Redding (2015); Peters et al. (2022).
658 Trentacoste (2020).
659 Ramsl (2002); Saliari et al. (2018); Kroll (2012).
660 Villing (2017); Lentacker et al. (2004).
661 Gilhus (2006).
662 Stewart et al. (2014).
663 Sykes (2012).

Index